高等职业教育铁道供电技术专业"十三五"规划教材

全国高职院校专业教学创新系列教材——铁道运输类

电力配电线路施工

主　编　张大庆　韩晓峰　王向东

副主编　上官剑　龙　剑

主　审　丁万霞

U0205914

西南交通大学出版社

·成都·

图书在版编目（CIP）数据

电力配电线路施工 / 张大庆，韩晓峰，王向东主编
. 一成都：西南交通大学出版社，2018.8（2023.6 重印）
高等职业教育铁道供电技术专业"十三五"规划教材
. 全国高职院校专业教学创新系列教材. 铁道运输类
ISBN 978-7-5643-6361-1

Ⅰ. ①电… Ⅱ. ①张… ②韩… ③王… Ⅲ. ①配电线
路 – 工程施工 – 高等职业教育 – 教材 Ⅳ. ①TM726

中国版本图书馆 CIP 数据核字（2018）第 190009 号

高等职业教育铁道供电技术专业"十三五"规划教材
全国高职院校专业教学创新系列教材——铁道运输类

电力配电线路施工

主　编 / 张大庆　韩晓峰　王向东　　　责任编辑 / 穆　丰
　　　　　　　　　　　　　　　　　　　封面设计 / 何东琳设计工作室

西南交通大学出版社出版发行

（四川省成都市二环路北一段 111 号西南交通大学创新大厦 21 楼　610031）
发行部电话：028-87600564　　　028-87600533
网址：http://www.xnjdcbs.com
印刷：成都中永印务有限责任公司

成品尺寸　185 mm×260 mm
印张　14.5　　字数　362 千
版次　2018 年 8 月第 1 版　　印次　2023 年 6 月第 2 次

书号　ISBN 978-7-5643-6361-1
定价　43.00 元

课件咨询电话：028-87600533

前　言

　　为了体现高职教育的特点，本教材在编写中注重对学生实践能力的培养，突出了施工基础理论的讲授，删除了大量烦琐复杂的计算内容。从提高学生动手能力的角度出发，加强了实际施工技能技巧的训练内容。同时结合行业发展新动态与生产实际，突出教材的先进性，增加新技术、新设备、新材料、新工艺的内容，力求贴近施工一线，缩短学生对技能的掌握程度与企业需要之间的距离。

　　本书分六个章节，每个章节下设有子课题。依照国家职业技能标准中级工要求和铁路职业教育电气化铁路供电专业《电力线路施工》教学大纲，按照教学规律和学习的认知规律，合理编排教材内容，力求内容适当、编排合理新颖、特色鲜明。本书可作为高职院校供电专业的教学使用，也适合电力施工企业的一线员工培训使用。

　　本教材由西安铁路职业技术学院张大庆、韩晓峰老师，湖南铁路科技职业技术学院王向东老师担任主编，湖南高速铁路职业技术学院上官剑、龙剑老师担任副主编，西安铁路职业技术学院丁万霞老师担任主审，同时也得到铁路供电企业的大力支持。本书具体分工为：张大庆、上官剑、龙剑完成本教材的第三、第四、第五章内容的编写，韩晓峰完成第一、第二章内容的编写，王向东完成第六章的编写。

　　新的技术总在不断发展，加之编者时间仓促、水平有限，书中难免有疏漏不足之处，恳请专家和读者提出宝贵意见和建议。

编　者

2018 年 4 月

目　录

第一章　电力线路施工基础

【导读】

　　本章重点介绍电力线路施工的基础知识，为后续章节的电力线路的塔杆组立、架线施工、接地装置施工打下良好的基础。通过对以下几个任务的学习，掌握电力线路施工规范，这对保证工程质量至关重要。

课题一　电力线路施工测量

一、光学经纬仪及其使用

【学习目的】

（1）了解光学经纬仪的构造。
（2）能够正确读出光学经纬仪度盘读数。
（3）会进行水平角、竖直角及水平视距测量。

【知识点】

（1）光学经纬仪的构造和读数方法。
（2）光学经纬仪的使用。
（3）水平角测量。
（4）竖直角测量。
（5）水平视距测量。

【技能点】

（1）光学经纬仪的使用。
（2）水平角测量方法。
（3）竖直角测量方法。

【学习内容】

（一）光学经纬仪的构造和读数方法

1. 光学经纬仪的主要部件

线路施工测量中，常使用 DJ6 型光学经纬仪和 DJ2 型光学经纬仪，其中 DJ2 型光学经纬仪在测角中误差精度要高于 DJ6 型。图 1-1 所示为 DJ2 型光学经纬仪的外形。该型号的国产光学经纬仪基本部件是类似的，只是结构及细部略有不同，它由照准部、水平度盘、基座等主要部件组成，如图 1-1 所示。

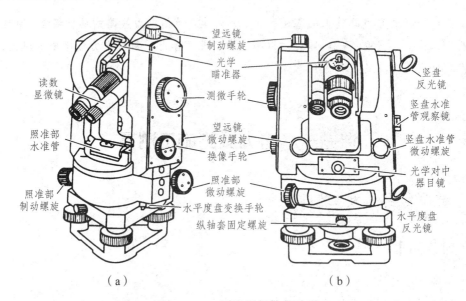

图 1-1　DJ2 型光学经纬仪外形

1）照准部

照准部是指基座上部能绕竖直轴旋转的整体的总称。旋转照准部，可使望远镜照准不同方向上的目标。照准部由望远镜、竖直度盘、照准部水准管、光学读数系统等组成。

照准部可以绕内轴（竖直轴）在水平度盘上转动，并可用水平制动螺旋及水平微动螺旋来控制它的转动。只有将水平制动螺旋旋紧，才可使用微动螺旋。

（1）望远镜。它是用于照准目标的。

（2）竖直度盘。它是用光学玻璃制成的圆盘，固定在横轴上，用来测量竖直角。

（3）照准部水准管。它用来调整平仪器，使水平度盘呈水平状态，并使竖轴呈垂直位置。水准管上刻有分划线，其分划值不大于 30″。

（4）光学读数系统。它由系列棱镜和透镜所组成。将水平度盘、竖直度盘的刻度以及分微尺的分划线通过棱镜组的光线折射，成像在读数窗内，在望远镜旁的读数显微镜中读出。

2）水平度盘

它是用光学玻璃制成的圆盘，在边缘按顺时针方向刻 0～360°的分划线，用来测量水平角。

3）基座

基座是支撑仪器的底座，仪器的照准部连同水平度盘通过轴套固定螺栓固定在基座上。使用仪器时一定要拧紧轴套固定螺栓，以免搬运时上部与基座分离而坠地。

基座上有三个脚螺旋用于调整平仪器，并由连接螺旋使其与三脚架相连。连接螺旋下方设有垂球钩，用于悬挂垂球。将水平度盘中心对准在被测目标中心的铅垂线的操作，称为对中。用垂球对中易受风的影响，光学经纬仪装有光学对点器，对中精度较高

2. 光学经纬仪的两种读数方法

1）分微尺测微器的读数方法

这种类型的装置在 DJ6 型仪器中广泛采用。通过设置读数光路，使度盘刻线的像通过一组棱镜、透镜的作用传递到读数显微镜内。图 1-2 所示为使用分微尺的 DJ6 仪器读数显微镜中的视场情况。上格 Hz 是水平度盘和测微器的影像，下格 V 是竖直度盘和测微器的影像。

在分微尺上刻有 0～60 的分划线，这 60 格总的间隔（即分微尺的总长）与水平度盘及竖直度盘上 1°的间隔经放大后的影像等长。在度盘上的一格为 1°，而在分微尺上的一格为 1′。仪器的照准部在转动时，分微尺也随之同步转动。以分微尺的 0 分划线为指标线，当照准某一目标时，指标线所指的度盘分划，就是该目标的方向值。但是指标线不一定指在分划线上，往往

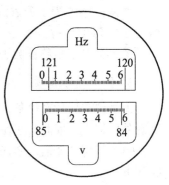

图 1-2　分微尺测微器读数窗

指在两条分划线之间，读数时首先从度盘上读出度数，其次在分微尺上读取分数值，分数以下的小数最后估读而成。图 1-2 所示水平度盘读数为 121°05′00″，竖直度盘读数为 84°57′00″。

读数方法归纳如下：

（1）目标照准之后，度盘上那条分划线落在分微尺上，此条分划线的值就是度。

（2）该条分划线所指分微尺上的分格数，即为分值。

（3）该条分划线距分微尺上相邻分格的十分之几，即为估读的十分之几分值。这三项相加就是此方向的全读数。

2）DJ2 型光学经纬仪的读数方法

类似 DJ2 型的各种型号高精度的光学经纬仪，普遍采用光学测微器符合法读数。

如图 1-3 所示，视场分上、中、下三个窗，上窗为数字窗，中窗为符合窗，下窗为秒窗。在读取读数之前应先调节读数目镜，旋转读数目镜，使读数视场的中窗的中间隔离线细而略有发白，此时上、下度盘影像黑而实，观测者头部上、下、左、右晃动时度盘影像与隔离线应无相对位置变动。

当精确瞄准目标后，一般来说上、下度盘影像是不齐的，此时上面数字窗中的框也没有框上数字，无法进行读数，如图 1-3（a）所示视场，旋转测微手轮，使上、下度盘影像做相对运动，以至达到上、下度盘影像完全对齐。此时框线标志正好框住两个数字，如图 1-3（b）所示，此时可以进行读数。

数字窗：框上方表示度数值，如图 1-3（b）所示为 90°；框住的字表示十位分数值，框中 1 表示 10′。

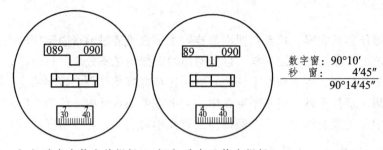

（a）垂直未符合前视场　（b）垂直已符合视场

图 1-3　DJ2 型光学经纬仪读数窗

秒框：1～9 表示分数值，如图 1-3（b）中所示，4 表示 4′，秒数值从左向右增大每一小格为 1″，每 10″一注记，未注记的中间长线为 5″值。

图 1-3（b）最终读数为 90°14′45″。

3. 使用注意事项

测量仪器属精密设备，要注意爱护和保养。使用时应采用正确的操作方法，以免仪器遭受意外的损伤。因此，在使用仪器时应注意以下事项：

（1）使用仪器前，应仔细阅读该仪器的使用说明书，了解仪器的构造和各部件的作用及操作方法。

（2）取仪器前，应记清楚仪器在箱中放置的位置，以便使用完毕后按原样放入箱中。取仪器时，应一手握照准部支架，另一只手握基座，不能用手提望远镜。仪器装箱时，应稍微拧紧各制动螺旋，并小心将仪器放入箱内，如装不合适或装不进去，应查明原因再装，不得强压。装入箱后，盖好箱盖，扣上箱扣。

（3）架设仪器时，先把三脚架支稳定后，将仪器轻轻放在三脚架上，双手不得同时离开仪器，应一手握着仪器，另一手立即拧紧脚架与仪器连接的中心螺旋。转动仪器时，应手扶支架或度盘，平稳转动，应有松紧感。

（4）仪器需要搬移时，应拧紧各制动螺旋，以免磨损。若在平坦地面上近距离移动观测点时，应双手抱脚架并贴肩，使仪器稍竖直，小步平稳前进。距离较远或地形不平移动观测点时，应将仪器装入箱中搬运。仪器在运载工具上运输时，应采取良好的防震措施。

（5）仪器不用时应放在箱内。箱内应有适量的干燥剂，箱子应放在干燥、清洁、通风良好的房间内保管，以免受潮。

（6）应避免阳光直接暴晒仪器，防止水准管破裂及轴系关系的改变，以免影响测量精度。

（7）望远镜的物镜、目镜上有灰尘时，不得用手、粗布、硬纸抹擦，要用软毛刷轻轻地刷去。如在观测中仪器被雨水淋湿，应将仪器外部用软布擦去水珠，晾干后再将仪器放入箱内，以免光学零件发霉和脱膜。

（8）电池驱动的全站仪和 GPS 仪器，若长时间不用，应取出电池，并隔段时间进行充、放电维护，以延长电池使用寿命。

（9）具有数据储存功能的仪器，测毕后，应及时将数据传送到计算机设备上备份，以免数据意外丢失。

（二）光学经纬仪的使用

在使用光学经纬仪观测目标前，仪器必须经过对中、整平两个步骤。这两步骤总称为仪器的"安置"，是使用经纬仪的基本技能。

1. 对　中

对中是使经纬仪的竖轴中心线与观测点重合。光学经纬仪可用光学对中器对中。对中的操作步骤及方法如下：

（1）将三脚架的脚尖安插在观测点桩位的周围土地上，如图 1-4 所示。调节脚架螺旋，使三脚架顶面基本水平（它到地面的高度不宜超过观测者的下颚），同时使三脚架顶面中心大致对准观测点，然后再将经纬仪轻轻地放在脚架面上，并用中心螺旋连接好。

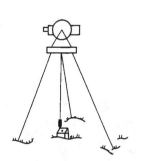

（2）用两手各持三脚架的一脚，使仪器进退或左右移动，同时用光学对中器基本对准观测点，并保持水平度盘略成水平。

（3）均匀用力依次将三脚架踩入土中，若光学对中器中心与观测点距离较小，可松动中心螺旋，在脚架面上滑动仪器，用光学对中器对准桩上的小钉，拧紧中心螺旋。

图 1-4　经纬仪对中

2. 整　平

整平（也称置平）是使照准部上的水准管在任何方位时，管内的气泡最高点与管壁上刻划线的中点重合，亦称气泡居中。此时仪器的竖轴垂直、水平度盘居于水平位置。整平的操作方法如下：

（1）拧松照准部的制动螺旋，使其水准管大致处于与脚螺旋 1、2 的连线平行的位置，如图 1-5（a）所示，然后两手同时向内（或向外）旋转脚螺旋 1 和 2，使水准管的气泡居中（气泡移动的方向与左手拇指运动的方向一致）。

（2）转动照准部，使水准管处于垂直脚螺旋 1、2 连线的位置，如图 1-5（b）所示。单独旋转脚螺旋 3，使气泡居中。上述两个方位的操作须反复多次，才能使水准管的气泡在任何方位都居中。

对中和整平要反复进行，直到两项均达到指标为止。

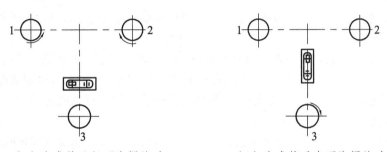

（a）水准管平行两脚螺旋时　　　　　（b）水准管垂直两脚螺旋时

图 1-5　整平时的方法

3. 望远镜的组成与使用

1）望远镜的组成

望远镜的主要作用是使观测者能清楚地瞄准目标。它由物镜、调焦透镜、十字丝分划板及目镜筒组成，如图1-6所示。

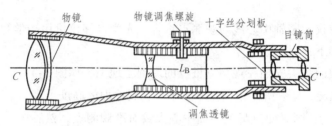

图 1-6 望远镜的组成

物镜面对被观测的物体，由两片或两片以上不同形状的透镜组成，其作用是将远处目标形成缩小的实像。调焦透镜位于物镜与十字丝分划板之间，可使不同距离的目标在十字丝面上清晰的成像。十字丝分划板是安装在望远镜物镜成像面上的固定标志线，一般是在玻璃平板上刻成相互垂直的细线，装在金属的十字丝环上而成，如图1-7所示。

十字丝分划板的作用是用来确定视线的位置并精确照准目标用的。通过十字丝中心与物镜光心的连线称为视准轴，通常简称视线。中间的竖丝是用来瞄准目标测定水平方向的位置，横丝是用来测定竖直方向的位置和对尺读数的。标准位置上、下两条与横丝平行的短丝称为"视距丝"，可以测定距离。望远镜观测时靠近眼睛的透镜称为目镜。它的作用是把十字丝分划板上的影像放大并清晰显示，供人眼观察。

图 1-7 十字丝分划板

2）望远镜的使用

（1）照准用望远镜的十字丝（横丝或竖丝）对准观测目标称为照准。照准目标的步骤如下：

① 目镜调焦。把望远镜对着明亮的背景，转动目镜进行调焦，直至十字丝的分划线看得十分清楚为止。

② 照准目标。松开望远镜制动螺旋，转动望远镜，利用望远镜筒上的缺口和准心照准目标后，拧紧制动螺旋。

③ 物镜调焦。从望远镜内观察目标，转动调焦螺旋，使目标成像清楚，再转动微动螺旋，使十字丝精确照准目标。

④ 消除视差。物镜调焦后应使目标的像位于十字丝分划板上，否则，当眼睛靠近目镜上下微微晃动时，可发现十字丝和目标之间有相对移动，如图1-8所示这种现象称为视差现象。它会影响读数的正确性，必须加以消除。消除的方法是：仔细反复地交替调节目镜和物镜调焦螺旋，直至成像稳定、读数不变为止。

（2）精确整平。调节转动微倾螺旋，速度要慢而均匀，使长水准气泡精确居中。

（3）读数。在精确整平的前提下，方可读数。应注意：转动望远镜后，每次都要重新使用微倾螺旋调整，使长水准气泡居中后，再进行读数。

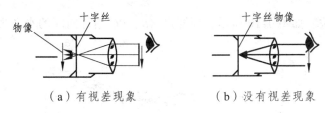

（a）有视差现象　　　　　（b）没有视差现象

图 1-8　视差现象

（4）记录和计算。记录工作的基本要求：所测得的数据要记录在规定的表格中，字体端正清楚，记录时间及时，数据真实可靠，计算核对限差无误，数据真实可靠是最基本的要求，只有将后视读数、前视读数分别记入规定位置并绝不容许涂改读数等，才可最大限度地减少各个环节中可能发生的差错，保证结果的精度。

（三）水平角测量

1. 水平角的概念

水平角是空间两相交直线投影到水平面上所形成的夹角，水平角角值为 0°～360°，如图 1-9 所示。

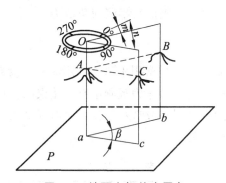

图 1-9　地面点间的水平角

设 A、B、C 是地面任意三个不同高程的点，自 A 到 B、C 两个目标的方向线为 AB 和 AC，将这三点沿铅垂线方向投影到同一平面 P 上，得 a、b、c 三点。在 P 平面上 ab 和 ac 的夹角 β，称为水平角。它等于通过 AB 和 AC 的两个竖直面之间所夹的二面角。二面角的棱线 $A\alpha$ 是一条铅垂线，垂直于 $A\alpha$ 的任一水平面与两个竖直面的交线均可用来量度水平角 β。设想在两个竖直面的交线上任意一点 O 处水平放置一个带有顺时针刻划的度盘，使度盘中心位于 AO 铅垂线上，通过 OB 和 OC 的两个竖直面在度盘截得读数为 m 和 n，则两读数之差即为水平角值，即

$$\beta = n - m \tag{1-1}$$

由于经纬仪的望远镜能绕竖轴旋转，其竖丝可以瞄准任何水平方向，因此只要将经纬仪安置在 $A\alpha$ 铅垂线的任意位置，就能够测出两竖直面的方向，由目镜中读出水平角（即两面角）值。

2. 水平角的观测方法

常用的水平角观测方法有测回法和全圆测回法。下面介绍常用的当观测目标不多于 3 个

时的测回法测角方法。如图 1-10 所示，要测出 AB、BC 两方向间的水平角 β，按下列步骤进行观测：

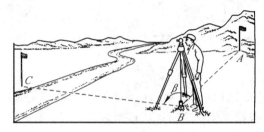

图 1-10　水平角观测

（1）盘左位置（竖直度盘在望远镜左边）瞄准左目标 C，得读数 c_1，或者通过转盘手轮等装置，使读数窗读数为 $0°00'00''$ 或接近 $0°00'00''$，该步骤叫作水平度盘置零。

（2）松开照准部制动螺旋，瞄准右目标 A，得读数 α_1，则盘左位置所得半测回角值为

$$\beta_L = \alpha_1 - c_1 \tag{1-2}$$

（3）倒转望远镜成盘右位置（竖直度盘在望远镜右边），瞄右目标 A，得读数 α_2。

（4）瞄准左目标 C，得读数 c_2，则盘右半测回角值为

$$\beta_R = \alpha_2 - c_2 \tag{1-3}$$

对于盘左、盘右的概念要明确，是常用术语。利用盘左、盘右两个位置观测水平角，可以抵消仪器误差对测角的影响，同时可作为观测中有无错误的检核。对于用 DJ6 级光学经纬仪，如果 β_L 与 β_R 的差数不大于 $40''$，则取盘左、盘右角值的平均值作为最后结果。

表 1-1 所示为测回法实测记录。

表 1-1　测回法

测站	目标	竖直度盘位置	水平度盘读数	半测回角值	一测回平均值	备　注
B	C	左	$0°20'46''$	$125°14'14''$	$125°14'19''$	
	A		$125°35'00''$			
	C	右	$180°21'18''$	$125°14'24''$		
	A		$305°35'42''$			

水平度盘刻度是按顺时针方向注记，因此计算水平角值时，总是以右边方向的读数（设观测者站在欲测角顶点的外面，面对这个角度）减去左边方向的读数。

3. 水平角观测注意事项

（1）三脚架要踩实，仪器高度要和观测者的身高相适应；仪器与脚架的连接应牢固，操作仪器时不要用手扶三脚架，使用各种螺旋时用力要轻。

（2）要精确对中，特别是观测短边时，尤其要严格要求。观测短边时的对中精度对角值影响大。

（3）当观测目标间高低相差较大时，更要注意仪器整平。

（4）照准标志要竖直，尽可能用十字丝交点瞄准标杆或测钎的底部。

（5）记录要清楚，不得擦涂，当场计算检核，发现错误需立即重测。

（6）水平角观测中，不得再调整照准部水准管。若气泡偏离中央2格，须重新整平观测。

（四）竖直角测量

1. 竖直角测量原理

竖直角是同一竖直面内视线与水平线间的夹角，如图 1-11 所示，OO' 为水平线；视线 OM 向上倾斜，竖直角为仰角，用正号表示；视线 ON 向下倾斜，竖直角为俯角，用负号表示。

根据竖直度盘的结构特点，经纬仪上的竖直度盘是固定在望远镜横轴一端上的，竖直度盘的平面与横轴相垂直。当望远镜瞄准目标面在竖直面内转动时，它便带动竖直度盘在竖直面内一起转动。竖直度盘指标是同竖直度盘水准管连接在一起的，不随望远镜转动。

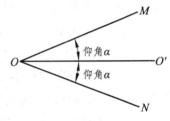

图 1-11　竖直角示意图

测竖直角时，在 O 点处设一竖直度盘，竖直度盘水准管气泡居中，视线水平时，"盘左"读数为 90°，"盘右"读数为 270°。当观测目标 M 时，"盘左"读数为 L，"盘右"读数为 R，则

$$\alpha_L = 90° - L \tag{1-4}$$

$$\alpha_R = R - 270° \tag{1-5}$$

一测回的竖直角为

$$\alpha = \frac{1}{2}(\alpha_L + \alpha_R) \tag{1-6}$$

2. 竖直角观测方法

1）安置仪器

如同水平角观测方法安置经纬仪的操作步骤一样，将经纬仪安置于测站点 O 上，进行对中和整平。

2）照准目标并读数

"盘左"位置，以十字丝横丝精确瞄准目标 M，调整竖直度盘水准管微动螺旋使水准管气泡居中，通过读数显微镜读取竖直度盘读数为 81°19′42″；同理，"盘右"位置瞄准目标 M，使竖直度盘水准管气泡居中，读取读数为 278°40′30″。

3）记录和计算

如表 1-2 所示，将"盘左""盘右"的竖直度盘读数分别填入记录表格中，并按照 a_L，a_R 的计算公式分别计算出半测回竖直角值。当上、下半测回值之差小于 ±40″（或满足经纬仪指标差要求）时，取其平均值作为观测的竖直角值，即一个测回值表。

表 1-2　竖直角测量记录

测站	目标	竖直度 盘位置	水平度 盘读数	半测 回角值	一测回 平均值	备　注
B	M	左	81°19′42″	8°40′18″	8°40′24″	
		右	278°40′30″	8°40′30″		

（五）水平视距测量

光学经纬仪都是采用内对光望远镜，其视距公式为

$$D = KL \tag{1-7}$$

式中　D——观测点到目标点的水平距离，单位为米（m）；

K——视距乘常数，$K = 100$；

L——视距丝在视距尺上的截尺距离，单位为米（m）。

在平坦地区测量两点间的水平距离，要求望远镜的视线水平。当望远镜的视线水平时，望远镜的视线与视距尺面彼此垂直，如图 1-12 所示，在 A 点上安置仪器，使望远镜视线水平（竖直度盘的读数为 90°或 270°），瞄准目标 B 点上竖直的视距 G，则视线 OE 垂直于视距尺。读取上、下视距丝在视距尺上的截尺间隔（读数差）或截尺长度，按式（1-7）计算出两点的水平距离 D。

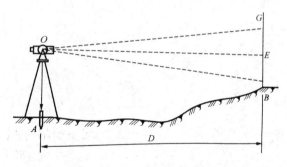

图 1-12　视线水平视距测量

思考与练习

一、选择题

下列每道题都有 4 个答案，其中只有一个正确答案，将正确答案填在括号内。

1. 正镜观测目标，当视线水平时竖直度盘的读数为（　　　）。

　（A）0°　　　　　　（B）90°　　　　　　（C）180°　　　　　　（D）270

2. 倒镜观测目标，当视线水平时竖直度盘的读数为（　　　）。

　（A）0°　　　　　　（B）90°　　　　　　（C）180°　　　　　　（D）270°

二、判断题

判断下列描述是否正确，对的在括号内画"√"，错的在括号内画"×"。

1. 只有将水平制动螺旋旋紧，才可使用微动螺旋。（　　　）

2. 望远镜的物镜、目镜上有灰尘时，可以用手、粗布、硬纸抹擦。（　　　）

三、问答题

1. 经纬仪的主要作用是什么？使用经纬仪应注意哪些事项？

2. 如何进行水平视距测量？

二、线路杆塔桩复测

【学习目标】

掌握线路复测的方法。

【知识点】

（1）直线杆塔桩位的复测。

（2）转角杆塔桩位的复测。

（3）档距和标高的复测。

（4）补桩复测。

（5）钉辅助桩。

（6）线路复测注意事项。

【技能点】

杆塔桩位置的复测。

【学习内容】

线路杆塔位中心桩的位置是由设计人员测量绘制的线路断面图，根据架空线的弧垂以及地物、地貌、地质、水文等有关技术参数精心设计确定的。由于设计定位到施工，需经过电气、结构的设计周期，往往间隔一段较长的时间。在这段时间里，因农耕或其他原因发生杆塔桩位偏移或杆塔桩丢失等情况，甚至在线路的路径上又新增了地物，改变了路径断面，所以在线路施工前，应按照有关技术标准、规范，对设计测量钉立的杆塔位中心桩位置进行全面复测。对于桩位偏移或丢桩情况，应补钉丢失桩。复测的目的是避免认错桩位、纠正被移动过的桩位和补钉丢失桩，使施工与设计相一致。施工复测的施测方法与设计测量所使用的测量方法完全相同。

这里主要介绍高压配电线路（35 kV、110 kV）杆塔桩位的复测方法，中、低压配电线路杆塔桩位的复测方法可参考进行。

（一）直线杆塔桩位的复测

直线杆塔桩位复测，是以两相邻的直线桩为基准，采用重转法即正倒镜分中来复测杆塔位中心桩位置是否在线路的中心线上，如图 1-13（a）所示。图中 Z_1，Z_2 为直线桩，2 号为直线杆塔中心桩。将仪器安置在 Z_2 桩上，正镜后视 Z_1 桩上的标杆，然后竖转望远镜，前视 2 号杆塔桩，在 2 号杆塔桩左右测得 A 点；沿水平方向旋转望远镜，即倒镜瞄准 Z_1 桩，再竖转望远镜前视 2 号杆塔桩，在 2 号杆塔桩左右测得 B 点，量取 AB 中点 C，如 C 点与 2 号桩重合，表明该直线杆塔桩位是正确的，如不重合时，量取 C 至 2 号桩的水平距离 D，D 为杆塔桩的横线路方向偏移量，直线杆横线路方向位移不应超过 50 mm，如不超过该限值，则为合格；超过时，应将杆塔位移至 C 点上，以 C 点作为改正后的杆塔桩位。正倒镜分中法是直线杆塔桩位复测的常用方法。

另一种方法是用测水平角的测回法来确定，如图 1-13（b）所示。图中 Z_2，Z_3 为直线桩，2 号为直线杆塔中心桩。将仪器安置在 2 号桩上，依据后视 Z_2 桩为基准，实测 Z_2、2 号及 Z_1 桩所构成的水平角是否为 $180°$。若实测水平角平均值在 $180° ± 1'$ 以内，则认为杆塔中心桩 2 号是在线路的中心线上；若实测水平角平均值超过 $180° ± 1'$，则认为杆塔中心桩位置发生了偏移，根据角度和桩间距离可计算出偏移值。如果横线路方向偏移值超出允许值，需采用正倒镜分中法予以纠正。

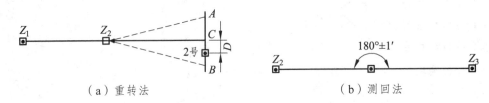

（a）重 转 法　　　　　　　　　（b）测 回 法

图 1-13　直线杆塔桩位的复测

（二）转角杆塔桩位的复测

转角杆塔桩位的复测，采用一测回法复测线路转角的水平角度值，看其复测值是否与原设计的角度值相符合。一般往往存在一定的偏差，但偏差量不应大于 $1'30''$。

如图 1-14 所示，将仪器安置在转角桩上，瞄准后视方向直线桩 Z_5（或转角桩），前视直线桩 Z_6。（或转角桩），测其右转角 β。用测回法施测，一测回。如所测角度值不大于误差规定值，则认为合格；如误差超过规定值，则应重新仔细复测以求得正确的角度值。如角度有错误，应立即与设计人员联系，研究改正。线路转角杆塔桩的角度是指转角桩的前一直线的延长线与后一直线的夹角，如图 1-14 所示中的 α。

在前一直线延长线左侧的角叫左转角，在右侧的角叫右转角。当我们测得的水平角值小于 $180°$ 时，其角值为 $\alpha = 180° - \beta$，得到右转角的角值；水平角值大于 $180°$ 时，角值为 $\alpha = \beta - 180°$，得到左转角的角值。图 1-14 中的 α 角就是线路的左转角度，复测时用这个角值与设计图纸提供的角值对比，判定转角桩的角度是否符合要求。

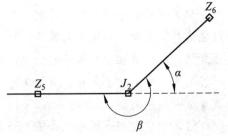

图 1-14　转角杆塔桩位的复测

（三）档距和标高的复测

线路杆塔的高度是依据地形、交跨物的标高和导线的最大弧垂以及杆塔的使用条件来确定的。因此，若相邻杆塔桩位间的档距及杆塔位置、断面标高发生测量错误或误差较大，将会引起导线对地或对被跨物的安全电气距离不够，或者超出杆塔使用条件，若线路竣工后发现这样的问题，势必造成返工，因而造成人力、物力等方面的浪费。所以复测工作非常重要，它是有可能发现设计测量错误的重要环节。

直线杆顺线路方向位移，35 kV 架空电力线路不应超过设计档距的 1%，10 kV 及以下架空电力线路不应超过设计档距的 3%。

复测工作可采用经纬仪视距法、全站仪的光电测距或 GPS 全球定位。

（四）补桩测量

有两种情况需要补桩：一是由于设计测量到施工测量要经过一段时间，因外界影响，当杆塔桩丢失或移位时，需要补桩测量，称为丢桩补测；二是设计时某杆塔位桩由某控制桩位移得到，如 5 号的杆塔位置为 $Z_5 + 30$，即 5 号的位置由 Z_5 桩前视 30 m 定位，这也需要复测时补桩测量，称为位移补桩。补桩测量应根据塔位明细表、平端面图上原设计的桩间距离、档距、转角度数进行补测钉桩，并按现行的 35～220 kV 架空送电线路测量技术规定进行观测。

1. 补直线桩

直线桩丢失或被移动，应根据线路断面图上原设计的桩间距离，用正、倒镜分中延长直线法测定补桩。

2. 补转角杆塔位桩

当个别转角杆塔位丢桩后，应做补桩测量，施测方法如图 1-15 所示。设图中 J_2 为丢失的转角桩，将仪器安置于 Z_5 桩上，以后视 Z_4 为依据标定线路方向，采用正、倒镜分中延长直线的方法，根据设计图纸提供的柱间距离，在望远镜的前视方向上，J_2 的前后分别钉 A、B 两个临时木桩，并钉上小铁钉。再将仪器移至直线桩 Z_6 上安置，以前视直线桩 Z_7 为依据，依上述方法，分别钉立 C、D 临时木桩，四个临时木桩应选在丢失的转角桩 J_2 附近，钉桩高度适中。然后用细线分别绑在 A 和 B、C 和 D 的小铁钉上，并且拉紧扎牢，AB 与 CD 两线相交点即为 J_2。转角桩中心位置，补钉上 J_2 转角桩，再用垂球线沿交点放下，垂球尖对准桩面钉上小铁钉标记，则完成补转角桩测量。

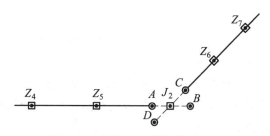

图 1-15　补转角杆塔位桩的测量

若补测的转角桩 J_2 周围地形较平，且仪器安置在 Z_6 直线桩时，通过望远镜能楚看到 A、B 两钉连接的细线，也可不钉 C、D 临时木桩，用望远镜十字丝与 A，B 细线的交点直接钉木桩和钉小铁钉。

（五）钉辅助桩

当线路杆塔中心桩复测确定后，应及时在杆塔中心桩的纵向及横向钉立辅助桩。钉立辅助桩的目的是以备施工时标定仪器的方向，当基础土方开挖施工或其他原因使杆塔中心桩覆盖、丢失或被移动时，可利用辅助桩位恢复杆塔中心桩原来的位置；再则还可用来检查基础根开、杆塔组立质量。因此辅助桩又被称为施工控制桩。

直线杆塔辅助桩的测钉方法如图 1-16 所示。将仪器安置在杆塔位中心桩上，用望远镜瞄准前后杆塔桩或直线桩，在视线方向上，本杆塔桩位不远处的合适位置钉立 A 辅助桩，倒镜视线上钉立 C 辅助桩，通常 A、C 称为顺线路或纵向辅助桩；然后将望远镜沿水平方向旋转 90°，再在线路中心线垂直方向上钉立 B、D 两辅助桩，则称为横向辅助桩。

辅助桩的位置应根据地形情况而定，应选择在较稳妥又不易受碰动的地方为宜。当遇有特殊地形不便在杆塔桩两侧钉立桩时，也可以在同一侧钉两个柱（见图 1-16 中的 B' 桩）。

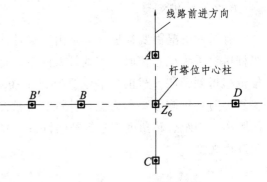

图 1-16 直线杆塔辅助桩的测钉

（六）线路复测注意事项

线路复测是线路施工的第一道重要工序，也是发现和纠正设计测量错误的重要环节，所以它关系到整个线路工程的质量。因此，在复测中应注意以下事项：

（1）在线路施工复测中使用的仪器和量具都必须经过检验和校正。

（2）在复测工作中，应先观察杆塔位桩是否稳固，有无松动现象，如有松动应先将杆塔位桩钉稳固后，再进行复测。

（3）复测后的杆塔位桩上，应清楚注记文字或符号，并涂上与设计测量不同的颜色来标识，以示区别和确认复测成果。

（4）废置无用的桩应拔掉，以免混淆。

（5）在城镇或交通频繁地区，在杆塔桩周围应钉保护桩，以防碰动或丢失。

思考与练习

一、选择题

下列每道题有 4 个答案，其中只有一个正确答案，将正确答案填在括号内。

1. 线路转角杆塔位的复测，采用一测回法复测线路转角的水平角度值，其复测值与原设计的角度值偏差量不应大于（   ）。

（A）30″ （B）1′ （C）1′30″ （D）2′

2.（ ）是直线杆塔桩位复测的常用方法。

（A）视距法 （B）测回法 （C）正倒镜分中法 （D）半测回法

二、问答题

1. 线路复测内容有哪些？

2. 线路复测应注意哪些事项？

三、杆塔基础坑的测量

【学习目标】

掌握杆塔基础坑的测量方法。

【知识点】

（1）坑口尺寸数据的计算。

（2）基础坑位的测量。

【技能点】

基础的分坑方法。

【学习内容】

完成线路杆塔桩位的复测工作之后，即可进行每基杆塔位的基础坑位测量及坑口放样的分坑测量。

分坑测量的依据是每基杆塔基础的型号（可由型号图查出基础的各部尺寸）和坑深，这些数据是分坑测量时的主要依据，是基础的实际指标数。但在坑口放样时必须考虑基础施工中的操作宽度及基础开挖的安全坡度系数，因此，分坑测量就包括了坑口放样尺寸数据的计算和坑位测量两个步骤。

这里主要介绍高压配电线路（35 kV、110 kV）基础坑的测量方法，中、低压配电线路基础坑的测量方法可参考进行。

（一）坑口尺寸数据计算

如图 1-17 所示是一个铁塔基础坑的剖视图，图中 D 和 H 是明细表中分别给出的基础设计宽度和高度，e 为施工的操作宽度，f 为基础坑的安全坡度，a 为坑口放样时的宽度尺寸，可用下式

$$\alpha = D + 2e + 2fH \qquad (1-8)$$

式中的安全坡度与土壤的安息角有关，对于不同的土壤，其 f 值也不一样，详见表 1-3。

表 1-3　一般基坑开挖的安全坡度

土壤分类	砂土、砾土、淤泥	砂质黏土	黏土、黄土	坚　土
安全坡度 f	0.75	0.5	0.3	0.15
坑底增加宽度 e/m	0.3	0.2	0.1~0.2	0.1~0.2

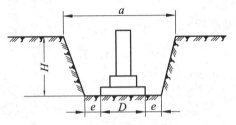

图 1-17　铁塔基础坑剖视图

【例 1-1】　如图 1-17 所示，观察基坑表面土质为黄土，设计基坑的坑深 $H = 2.0$ m，基础底宽 $D = 2.2$ m，试求基坑坑口的放样尺寸 a 应为多少？

解　由表 2-3 查得黄土的 $f = 0.3$，考虑取 $e = 0.1$ m，则坑口的宽度为

$$a = D + 2e + 2fH = 2.2 + 2 \times 0.1 + 2 \times 0.3 \times 2.0 = 3.6（\text{m}）$$

（二）基础坑位的测量

杆塔有铁塔与拉线杆两大类型。因此，杆塔基础有主杆基础坑与拉线基础坑之分，本课题将介绍主杆基础坑的分坑方法。

1. 直线双杆基础坑的测量

分坑步骤如下，分坑图如图 1-18 所示。

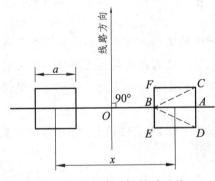

图 1-18　直线双杆基础分坑

a—坑口边长；x—根开

（1）在杆位中心桩设测站，安置仪器。

（2）经纬仪水平度盘置零，前视或后视相邻杆塔中心桩；然后仪器转 90°，在线路左右两侧各定辅助桩。

（3）从中心桩 O 点起在横线路方向线上量水平距离 $\frac{1}{2}(x+a)$ 与 $\frac{1}{2}(x-a)$，得 A、B 两点。

（4）取尺长为$\frac{1}{2}(1+\sqrt{5})a$，使尺两端分别与A、B点重合，在距A点$\frac{1}{2}a$尺长处拉紧皮尺得点C，折向AB另一侧得点D；同理，在距B点$\frac{1}{2}a$尺长处拉紧皮尺得点F，折向AB另一侧得点E。

（5）C、D、E、F点连线即为坑口位置。以同样方法可得出另一坑口位置。

2. 直线四脚铁塔基础的分坑测量

因直线四脚铁塔本身结构的原因，铁塔基础坑的型式可归结为下述三种类型：基础根开相等，坑口宽度也相等；基础根开不等，但坑口宽度相等；基础根开不等，坑口的宽度也不相等。下面分述常见的前两种基坑的测量方法。

1）等根开等坑口宽度基础（正方形基础）的分坑测量

分坑步骤如下所示，分坑图如图1-19所示。

（1）塔位中心桩O点距坑中心及远角点、近角点距离E_0、E_1、E_2分别为

$$E_0 = \frac{\sqrt{2}}{2}x \tag{1-9}$$

$$E_1 = \frac{\sqrt{2}}{2}(x+a) \tag{1-10}$$

$$E_2 = \frac{\sqrt{2}}{2}(x-a) \tag{1-11}$$

（2）在塔位中心桩O点安置仪器，经纬仪前视或后视相邻杆塔位中心桩，水平度盘置零，然后仪器转45°，在此方向线上定出辅助桩A、C，继续转135°，定出辅助桩B、D。

（3）以O点为零点，在OA方向线上量水平距离E_1、E_2得1、2两点。取$2a$尺长，尺两端分别与1、2点重合，在尺中部a处拉紧即勾出点3，折向另一侧得点4，点1、2、3、4的连线即为所要求的坑口位置。

（4）同理，勾画出另外三个坑位。

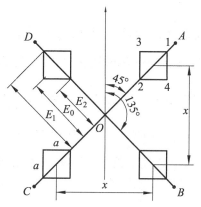

图1-19　直线铁塔正方形基础分坑

a—坑口边长；x—根开

2）不等根开等坑口宽度基础（矩形基础）的分坑测量

由图 1-20 可以看出，基础的两个根开 x 和 y 不相等，使各基础杆坑中心连线所组成的图形为矩形，因此，称它为矩形基础。

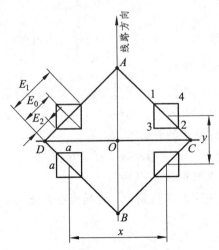

图 1-20　直线铁塔矩形基础分坑

α—坑口边长；x—横线路根开；y—顺线路根开

这种基础坑口的内、外对角顶点不能同时在矩形基础的对角线上。所以，就不能利用图 1-19 的分坑方法进行分坑测量。矩形基础的分坑方法有多种，现介绍最实用的方法如下：

（1）D 点距坑中及远角点、近角点距离 E_0、E_1、E_2 分别为

$$E_0 = \frac{\sqrt{2}}{2} y \tag{1-12}$$

$$E_1 = \frac{\sqrt{2}}{2} (y+a) \tag{1-13}$$

$$E_2 = \frac{\sqrt{2}}{2} (y-a) \tag{1-14}$$

（2）在塔位中心桩 O 点设置仪器，经纬仪前视相邻杆塔位中心桩，在此方向线上，以 O 点为零点量取 $OA = \frac{1}{2}(x+y)$ 得 A 辅助桩；倒转镜头，在 AO 的延长线上量取 $OB = \frac{1}{2}(x+y)$ 得 B 辅助桩。然后，仪器水平转 90°，在此方向上以 O 点为零点，量取 $OC = \frac{1}{2}(x+y)$，倒转镜头，在 CO 延长线上量取 $OD = \frac{1}{2}(x+y)$，即得 C、D 两辅助桩。

（3）以 C 点为零点，在 CA 方向线上量水平距离 $E1$、$E2$ 得 1、2 两点。取 $2a$ 尺长，尺两端分别与 1、2 点重合，在尺中部 a 处拉紧即勾出点 3，折向另一侧得点 4，点 1、2、3、4 的连线即为所要求的坑口位置。

（4）分别以 C、D 点为零点，在 CB、DA、DB 方向线上量取 $E1$、$E2$ 值，以同样的方法，勾画出另外三个坑位。

需要说明的是，当 $x = y$ 时，矩形铁塔基础就变成了正方形铁塔基础，所以正方形铁塔基础只是矩形铁塔基础的一种特殊形式。

一般情况下（地形较好时），正方形铁塔基础的分坑方法也最好采用矩形铁塔基础分坑的（见图 1-20）方法，因为该种方法分坑时四个辅助桩是闭合的，校对四个辅助桩的相互距离无误后，可保证基础坑的位置、找正各层模板及地脚螺栓位置的准确性。

3. 转角杆塔基础的分坑测量

转角铁塔的塔位桩有两种型式：一种是杆塔位中心柱就是转角塔的塔位桩，称这种转角塔为无位移转角塔；另一种是杆塔位中心柱不是转角塔的塔位柱，即实际的转角塔位桩与杆塔位中心柱之间有一段距离，称这种转角塔为有位移转角塔。

1）无位移转角铁塔基础的分坑测量

如图 1-21 所示是一个左转角的无位移转角塔基础示意图，设它的转角值为 θ。其辅助桩的钉立及分坑方法如下：

（1）将经纬仪安置在转角塔位中心柱 O 点上，望远镜随准线路后视方向上的直线杆位桩或直线桩，同时使水平度盘置零。然后顺时针旋转照准部，测出 $\dfrac{180° - \theta}{2}$ 的水平角，在望远镜正、倒镜的视线方向上钉立 A、C 两个辅助桩。再使望远镜顺时针水平旋转 90°（此时角度为 $\dfrac{180° - \theta}{2} + 90°$），在望远镜的正、倒镜视线方向上，分 D 和 B 辅助桩。

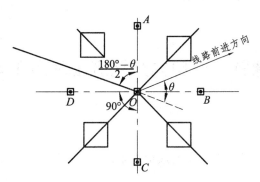

图 1-21　无位移转角铁塔基础的分坑测量

（2）由图 1-21 可以看出，A、B、C、D 四个辅助桩在两条互相垂直的直线上，BD 又恰好在 θ 角的平分线上。

此种转角塔的基础根开和坑口宽度，通常分别相等。因此，其基础的分坑方法与正方形基础的分坑方法一致。

2）有位移转角塔基础的分坑测量

转角塔的塔位中心桩位移距离，是由于转角值较大，受转角塔的导线横担等因素的影响，使之在导线挂线后，引起线路方向的变化。为了消除这种影响，必须将转角塔位中心桩向线路转角内侧的角平分线方向，平移 s，其分坑方法如下：

图 1-22 所示是分坑测量示意图。将经纬仪安置于线路转角柱 O 点上，以后视直线桩为依据，测出 $\dfrac{180° - \theta}{2}$ 水平角，在望远镜正、倒镜视线方向上钉立 A 和 C 辅助桩；其后，在线路转角的内侧 OA 连线上，截取 $OO_1 = s$ 并钉立转角塔位中心 O_1，如图 1-22 所示。

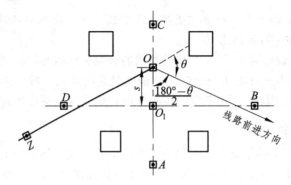

图 1-22　有位移转角铁塔基础的分坑测量

再将仪器移至 O_1 柱上安置，瞄准 A 柱后，使望远镜水平旋转 90°，在正、倒镜视线方向上钉立 B 和 D 辅助桩。最后，根据上述钉立的四个辅助桩，按不等根开、不等坑口宽度铁塔基础的分坑方法进行分坑，大基坑在线路转角的外侧，小基坑在线路转角的内侧，如图 1-22 所示。

思考与练习

1. 如何进行直线双杆基础的分坑测量？
2. 如何进行矩形基础的分坑测量？

课题二　电力线路施工常用工具

【学习目标】

掌握电力线路施工常用工具的特点及使用方法。

【知识点】

（1）登高工具与随身工具。

（2）起重抱杆。

（3）钢丝绳及其使用。

（4）绳索及常用绳扣。

（5）U 形环。

（6）手拉链条葫芦。

（7）临时地锚。

（8）机动绞磨。

【技能点】

各种工机具的使用要求。

【学习内容】

一、登高工具

随身工具与登杆工具是电力线路工在线路检修、施工、处理事故等工作中常用工具。随身工具主要有安全带、安全帽、钢丝钳、活扳手、螺丝刀、测电笔、传递绳及工具袋等；蹬杆工具主要有脚扣和登高板。

（一）随身工具

安全带是保障高空作业人员正常工作并预防坠落的防护用品，登高高度大于 1.5 m 时必须使用。安全带的使用与检验必须遵照现行的国家标准《安全带》《安全带试验方法》执行。

安全帽对人体头部受外力伤害起防护作用，进入工作现场必须佩带。为保证人身安全，线路停电作业时应推广使用无源近电报警安全帽，防止工作人员误入带电区域。

钢丝钳（克丝钳或电工钳）主要用于剪断小截面导线，绑缠导线接头和低压带电作业等工作，一般使用以 200 mm 规格为宜。在使用钢丝钳的过程中，要经常检查钢丝钳的绝缘套，应该保证绝缘完好，使用后的钢丝钳要擦拭干净。

活扳手（也称活络扳头）主要用于拆卸、紧固螺栓等作业，常用规格有 150 mm、200 mm、250 mm、300 mm，最常用的为 250 mm（最大开口宽度 30 mm）。应根据不同紧固件选用规格相当的扳手，钳口尺寸应适合紧固件尺寸。操作时让扳手的固定钳口受主要作用力，不能把管子套在扳手上使用，扳手也不能当作手锤用，使用方法如图 1-23 所示。

（a）扳较小螺母时的握法　　（b）扳较大螺母时的握法　　（c）错误握法

图 1-23　活扳手的使用

螺丝刀（也称起子、改锥或旋凿）主要用于旋紧或松开头部带沟槽的螺钉，常用规格全长为 235 mm（旋杆长度 125 mm、旋杆直径 6 mm 木柄）。螺丝刀的刀口有字型和十字型两种，使用螺丝刀时应注意刀口的宽度和厚度应与螺钉头上沟槽相符。不应用小螺丝刀旋大螺钉，螺丝刀不能当凿子或撬棍使用。

电工刀主要用于剥去导线的绝缘部分。使用时可采用先刻痕方式再由里向外削线，削线时宜采用平削，而不宜采用立削方式，以防划伤导线。无绝缘措施时，严禁用电工刀接触带电线路及设备。使用时注意握线的手要放在刀口背后，以免自伤。钢丝钳、活络扳手、螺丝刀、电工刀放置在钳套（三联套或五联套）中，工作时用电工皮带系于腰间。

低压测电笔（也称电笔、试电笔）主要用于低压线路及设备验电。使用前应保证测电笔合格，使用方法如图 1-24 所示。测电绝不能当螺丝刀使用，平时应放置于上衣口袋内。

小绳（也称传递绳、腰绳）通常是直径为 10~20 mm、长度为 15~18 m 的麻绳或尼龙绳。线路停电施工、检修时，杆上作业人员用小绳上下传递工具、小型设备及材料。

（a） （b）

图 1-24 低压测电笔使用方法

在工作现场，登高用具与随身工具准备就绪后，还需再次检查脚扣、安全帽与安全带，确认安全可靠后方可使用。

（二）脚扣及其使用

脚扣是攀登电杆的专用工具，按其结构分为固定式或活动式两种，其中固定式又有大小两种规格，应根据杆型的不同而分别选用。

1. 脚扣登杆的注意事项

（1）使用前必须仔细检查脚扣各部分有无断裂、腐朽现象，脚扣皮带是否结实、牢固，如有损坏，应及时更换，不得用绳子或电线代替。

（2）一定要按电杆的规格，选择大小合适的脚扣，使之牢靠地扣住电杆。

（3）雨天或冰雪天不宜登杆，容易出现滑落伤人事故。

（4）在登杆前，应对脚扣做人体载荷冲击试验，检查脚扣是否牢固。

（5）穿脚扣时，脚扣带的松紧要适当，应防止脚扣在脚上转动或脱落。

（6）上、下杆的每一步都必须使脚扣与电杆之间完全扣牢，以防下滑及其他事故发生。

2. 脚扣登杆的方法和步骤

使用脚扣登杆的过程如图 1-25 所示。首先要根据杆型选择适当脚扣，在适合登杆的起点高度将脚扣与电杆卡牢，如图 1-25（a）所示。要注意抬头观察杆上有无障碍物，选择适当方向准备登杆。然后左脚蹬上下面一只脚扣，如图 1-25（b）所示。右脚蹬上上面一只脚扣时，将安全带围好、卡牢，如图 1-25（c）所示。登杆前对脚扣进行冲击试验，试验时先登一步电杆，然后使整个人体的重力快速的加在另一只脚扣上。当试验证明两只脚扣都完好时，方可使用。一手托住安全带，一手扶杆向上攀登，如图 1-25（d）所示。登杆时身体上身前倾，臀部后座，双手切忌搂抱电杆，双手起的作用只是扶持，同时两只脚交替上升，步子不宜过大。到达工作高度后用力将脚扣踏实，身体向外倾斜，使安全带受力，便可开始杆上作业。用脚扣登杆应保持全过程系好、系牢安全带，不得失去安全保护。在杆上作业时要注意脚的着力点应与挥力的方向相适应。

（a）在电杆下部适当高度将脚扣卡牢 （b）左脚登上下面一只脚扣

（c）右脚登上上面一只脚扣，并系好安全带　　　（d）一手托住安全带，一手扶杆向上攀登

图 1-25　使用脚扣登杆的过程

下杆方法本是上杆动作的重复，但是由于水泥杆是拔稍的，即根部较粗，稍部较细，所以在开始上杆时选择好的脚扣节距在登上一定高度以后，可适当调节（缩小）脚扣的节距，这样才能使脚扣扣住电杆。而在下杆时可适当扩大脚扣的节距。具体调节如下：若先调节左脚的脚扣，先将左脚脚扣从杆上拿出并抬起，左手扶住电杆，右手调节；若调节右脚脚扣，则右手扶杆，用左手调节。

（三）登高板及其使用

登高板也是攀登电杆的工具，登高板由板、绳索和挂钩等组成。板是采用质地坚韧的木板制成，绳索应采用 16 mm 三股白棕绳，绳两端系结在踏板两头的扎结槽内，顶端装上铁制挂钩，绳长应为操作者从脚跟至举起一只手手尖的长度，如图 1-26（a）所示。踏板和白棕绳均应能承受 300 kg 重量，每半年进行一次载荷试验。

1. 登高板登杆的注意事项

（1）登高板使用前，一定要检查登高板有无开裂和腐朽、绳索有无断股等现象，如果有此现象应及时更换或处理。

（2）登高板挂钩时必须正勾，切勿反勾，以免造成脱钩事故，如图 1-26（b）所示。

（3）登杆前，应先将登高板钩挂好，用人体做冲击荷载试验，检查登高板是否安全可靠；同时对安全带也用人体做冲击荷载试验。

（a）踏板长度　　　　　　　（b）挂钩方法

图 1-26　踏板

2. 登高板上杆的方法和步骤

（1）先把一只登高板钩挂在电杆上，高度以操作能跨上为准，另一只登高板反挂在肩上。

（2）用右手握住挂钩端双根棕绳，并用大拇指顶住挂钩，左手握住左边贴近本板的单板棕绳，把右脚跨上踏板，然后用力使人体上升，待重心转到右脚，左手即向上扶住电杆。

（3）当人体上升到一定高度时，松开右手并向上扶住电杆使人体立直，将左脚绕过左边单根棕绳踏入板内。

（4）待人体站稳后，在电杆上方挂上另一支踏板，然后右手紧握上一只踏板的双根棕绳，并使大拇指顶住挂钩，左手握住左边贴近木板的单板棕绳，把左脚从踏板左边的单根棕绳子内退出，改成踏在正面下踏板上，接着将右脚跨上上面踏板，手脚同时用力使人体上升。

（5）当人体离开下面踏板时，需要把下面踏板解下，此时左脚必须抵住电杆，以免人体摇晃不稳。以后重复上述各步骤进行攀登，直至到达所需高度（见图1-27）。

3. 登高板下杆的方法和步骤

（1）人体站稳在现用的一只踏板上（左脚绕过边棕绳踏入木板内），把另一只踏板挂在下方电杆上。

（2）右手紧握上面登高板挂钩处双根棕绳，并用大拇指抵住挂钩，左脚抵住电杆下伸，即用左手握住下面登高板的挂钩处，人体也随左脚的下落而下降，同时把下面登高板下降到适当的位置，将左脚插入下面登高板两根棕绳间并抵住电杆。

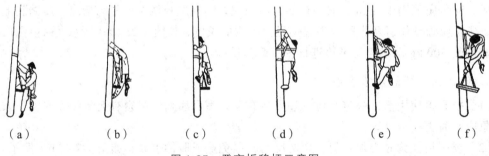

（a）　　　（b）　　　（c）　　　（d）　　　（e）　　　（f）

图 1-27　登高板移杆示意图

（3）将左手握住上面登高板的左端棕绳，同时左脚用力抵住电杆，以防止登高板下滑和人体摇晃。

（4）双手紧握上面登高板的两端棕绳，左脚抵住电杆不动，人体逐渐下降，双手也随人体下移，并紧握棕绳，直至贴近两端木板，此时人体向后仰，同时右脚从上面登高板退下，使人体不断下降，直至右脚踏到登高板。

（5）把左脚从下踏板两根棕绳内抽出，人体贴近电杆站稳，左脚下移并绕过左边棕绳踏到板上，以后步骤重复进行，直至人体双脚着地为止（见图1-28）。

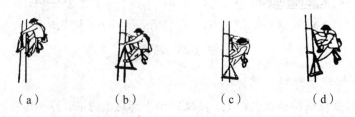

（a）　　　　（b）　　　　（c）　　　　（d）

（c）　　　　　（f）　　　　　（g）　　　　　（h）　　　　　（i）

图 1-28　登高板下杆示意图

二、起重抱杆

线路施工中，起重抱杆是起吊的主要工具之一。起重抱杆不但广泛用于杆塔组立，而且也常用于装卸材料设备。

（一）抱杆分类

1. 圆木袍杆

圆木抱杆是用径缩率较小的圆杉木杆作为抱杆。它的使用历史最久，但因木材的抗弯强度低，且易腐烂、裂缝，耐久性差，抱杆的容许承载能力受到限制，再加上合乎要求的圆木难以获得，故目前在线路整体组立杆塔时，已较少采用，但在配电线路施工中仍有采用。

2. 角钢组合抱杆

角钢组合抱杆是用 A3 普通碳素钢或低合金钢的角钢制作的。为适应线路施工特点，通常设计成分段格构式，以螺栓连接，在现场能组合和解体，便于搬运和转移，并根据起吊重量制作不同截面尺寸，可用作单根抱杆或人字抱杆。

3. 钢管抱杆

钢管抱杆是用无缝钢管作为抱杆本体制作的，往往设计成分段式的杆段，以内法兰连接，在现场能组合和解体，便于搬运和转移。它多用作人字抱杆或独脚抱杆。

4. 薄壁钢板抱杆

薄壁钢板抱杆是用 A3 普通碳素薄钢板或低合金薄钢板，经卷板后焊成薄壁圆筒状或拔梢圆锥筒状，以作为抱杆本体而制成的。其设计成分段式，以内法兰连接，在现场能组合和解体，便于搬运和转移，多用作人字抱杆或内拉线抱杆。

5. 铝合金抱杆

铝合金抱杆是用铝合金角钢铆接制成，重量轻，如国产 16 号硬铝的比重只有钢的 1/3，而其结构强度与钢近似，且温度适应范围大，因而线路施工已采用其制作抱杆，并设计成分段格构式，以螺栓连接，在现场能组合和解体，便于搬运和转移，但其不耐冲击，搬运时须小心轻放。多年的使用经验证明，这种抱杆的使用性能是较好的，但价格较贵。

（二）抱杆使用须知

1. 独脚抱杆

独脚抱杆构造比较简单，由单根圆木、钢管或角钢等材料制作，它的起重量比较小，需在固定位置上吊装，一般用于物体装卸、两盘吊装及辅助性起吊等，目前在线路施工中使用比较多。

1）圆木独脚抱杆

（1）使用前必须进行外观检查和强度验算。凡木质腐朽、裂缝损伤严重、弯曲过大以及验算后强度不够等，均严禁使用。

（2）现场布置要求如图 1-29（a）所示，起吊物件时倾角 θ 不应大于 15°。

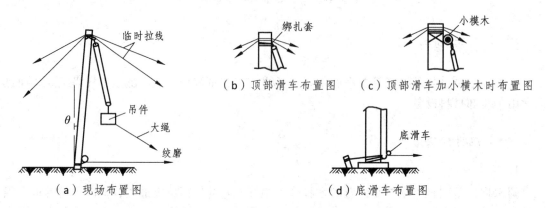

图 1-29　圆木独脚抱杆现场布置要求

（3）抱杆稳定主要靠顶部的临时拉线，根数不得少于 4 根。上风侧的拉线对地夹角一般不超过 45°，只有特殊情况下可以增大到 60°，4 根拉线的相互水平夹角互为 90°，如因地形限制达不到要求时，则相互必须对称。

（4）顶部滑车的挂法，如果起重量较轻，可直接用短钢丝绳将滑车绑在杆身上，如图 1-29（b）所示。如果起重量较重，为使滑车与抱杆不相碰，应在顶部绑一块小横木，如图 1-29（c）所示。

（5）为防止底滑车受力后抱杆根部滑动，在土质比较坚硬的情况下，抱杆根部应落入 10～20 cm 深的地槽内。在土质比较松软的情况下，绑在抱杆根部的底滑车应另设锚桩稳固，以防滑动，如图 1-29（d）所示。

（6）起吊钢丝绳从顶部滑车引出后，必须通过底滑车进入绞磨，如图 1-30（a）所示，图 1-30（b）所示的布置则是错误的。

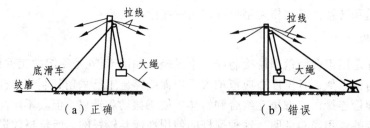

图 1-30　起吊钢丝绳经底滑车进入绞磨

（7）抱杆底座要牢固，不得出现移动现象，在土质松软处，为防止抱杆下沉，根部应垫道木或绑横木。如果吊件较重，应用钢丝绳和双钩将四周拉牢。

（8）起吊时，抱杆允许向起吊侧倾斜，但倾斜角一般不得超过 10°。

（9）牵引地铺要稳固可靠。

2）钢管和角钢格构式独脚抱杆

（1）施工前必须进行外观检查，凡焊缝裂纹或脱焊、表面腐蚀严重、整体弯曲超过杆长1/600或局部弯曲严重、磕瘪变形者，严禁使用，并不准超载使用。

（2）现场布置及各项要求基本与圆木独脚抱杆相同，可参照执行。

（3）临时拉线顶部滑车及底滑车应固定在抱杆预留孔上，如图 1-31 所示。如果无预留孔应用钢丝绳套在抱杆上至少绕两道，在节点上用 U 形环扣死，以防下滑。

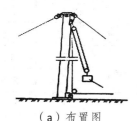
（a）布置图

（b）钢管抱杆顶部预留孔

（c）角钢格构式抱杆顶部预留孔

图 1-31　临时拉线顶部的固定

2. 人字抱杆

人字抱杆是由两根单抱杆组成的，有圆木和金属构件两种。虽然人字抱杆比独脚抱杆多用一根抱杆，但增加了横向稳定，并提高了起重能力。由于圆木抱杆的抗压强度低，一般很少使用，有时仅用于吊装比较轻的物体。目前在线路施工中多使用金属抱杆。人字抱杆的使用有两种方式：一是固定式垂直起吊物件；一是倒落式整体起吊杆塔。

三、钢丝绳及其使用

（一）钢丝绳的选用

钢丝绳的选用通常按容许拉力计算，如果对于因弯曲应力的影响或材料疲劳的影响时，按照耐久性校验。

（1）按容许拉力计算为

$$T = \frac{T_b}{kk_1k_2} = \frac{T_b}{k_\Sigma} \qquad (1\text{-}15)$$

式中　T——钢丝绳的容许拉力

　　　T_b——钢丝绳有效破断力

　　　k——钢丝绳安全系数

　　　k_1——动荷系数

　　　k_2——不平衡系数

　　　k_Σ——综合安全系数。

安全系数如表 1-4 所示。

表 1-4 安全系数

工作性质	工作条件		k	k_1	k_2	k_Σ
起立杆塔或收紧导、地线时的牵引绳，作其他起吊、牵引用的牵引绳	通过滑车组用人力绞磨		4	1.1	1	4.5
	直接用人力绞磨		4	1.2	1	5
	通过滑车组用机动绞车、电动绞车		4.5	1.2	1	5.5
	直接用机动绞车、电动绞车、拖拉机或汽车		4.5	1.3	1	6
起吊杆塔时的固定绳	单杆		4.5	1.2	1	5.5
	双杆				1.2	6.5
制动绳	通过滑车组用制动器制动	单杆	4	1.2	1	4.8
		双杆			1.2	5.76
	直接用制动器制动	单杆	4	1.2	1	5
		双杆			1.2	6
临时固定用拉绳	用手扳葫芦或人力绞车		3	1	1	3

（2）按照耐久性校验。滑轮、卷筒的最小直径 D 为

$$D = (e-1)d$$

对起重滑车 e 取 $11 \sim 12$，对绞磨卷筒 e 取 $10 \sim 11$，d 为刚绳直径。

（二）钢丝绳的使用和维护

（1）使用未开盘的新钢丝绳时，要正确从绳盘上放开，应用放线架展放，不得从绳盘上直接拉出，以免产生扭劲，如图 1-32 所示。

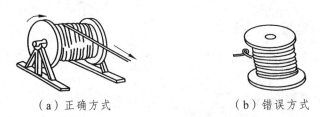

（a）正确方式   （b）错误方式

图 1-32 使用未开盘丝绳

（2）钢丝绳使用中不许扭结，不许抛掷。

（3）钢丝绳使用中如绳股间有大量的油挤出来，表明钢丝绳的荷载已很大，须停止加荷并检查。

（4）吊装时不应使钢丝绳超过允许的承载能力，应缓慢受力，不准急剧改变升降速度，不应使钢丝绳跳动。不要使钢丝绳直接和物体尖棱锐角相接触。

（5）钢丝绳端头应编插连接。钢丝绳末端与其他物件永久连接时，应采用套环或鸡心环来保护其弯曲最严重的部分。

（6）为了减少钢丝绳的腐蚀和磨损，应定期加润滑油（四个月加一次），在加油前，先用

煤油或柴油洗去油污，用钢丝刷去铁锈，然后用棉纱团把润滑油均匀地涂在钢丝绳上。新钢丝绳最好用热油浸，使油浸达麻心，再擦去多余油脂。

（7）存放仓库中的钢丝绳应成卷排列，避免重叠堆置，库中应保持干燥，防止生锈。

四、绳索及常用绳扣

外线施工中，经常利用绳索在电杆上下传递工具及器材等，在运输电气设备和材料、立杆、放线、紧线等工作中也离不开绳索。常用的绳索主要有白棕绳（又称麻绳）、蚕丝绳等。白棕绳要保持干燥和清洁，否则会降低其强度和寿命，在潮湿状态的荷重应减少一半，使用时注意避免尖锐物体将其划伤。蚕丝绳有较好的绝缘及抗拉强度，常用在带电作业中，平时存放在干燥的环境里，应定期做电气试验，以保证可靠的绝缘性能。

绳扣的系法对于安全来说非常重要。绳扣的系法应保证受重力时不致自动滑脱，但在起重完毕后，应易于解开。常用绳扣的系法如下：

（1）直扣（十字结、平结）。直扣是最古老、最实用、最通行的结，也是最基本的结，有很多绳扣都是由它演化而成的。它常用来连接一条绳的两头或临时将两根绳连接在一起，也常作终端使用。直扣的系法如图1-33所示。首先将两个绳头相交（右绳头搭在左绳头上），然后一个绳头向另一绳头上绕一圈即成一半结，见图1-33（a）。将两个绳头相交（这次将左绳头搭在右绳头上），再将一个绳头按箭头所示方向穿越，见图1-33（b）。图1-33（c）为整个直扣完成后的松散状。图1-33（d）为整个直扣收紧后的造型。

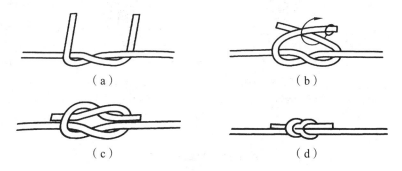

（a）　　　　　　　　　　　　　（b）

（c）　　　　　　　　　　　　　（d）

图1-33　直扣的系法

（2）活扣。其结构基本上与直扣相同，不同之处是在第二次穿越时留有绳耳，故解结时极为方便，只要将绳头向箭头所示方向一抽即可，省时省力。活扣的系法如图1-34所示。

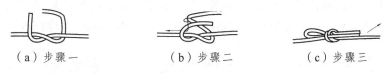

（a）步骤一　　　　　（b）步骤二　　　　　（c）步骤三

图1-34　活扣的系法

（3）紧线扣。首先指出在系紧线扣（即所要绑扎的材料上）时，应有一个固定的圆圈式回头套；然后在此套上进行绑扎；在紧线的时候用来绑结导线；有的安全带一头也有一圆圈式的回头套，故也可用作腰绳扣，紧线扣的系法如图 1-35 所示。将绳穿入圆圈式绳套（从下向上穿），然后按箭头所示方向穿越，见图 1-35（a）。在主绳上绕一圈，即打一倒扣，见图 1-35（b）。图 1-35（c）为完成上述步骤以后紧线扣的松散形状。图 1-35（d）为收紧后的紧线扣。

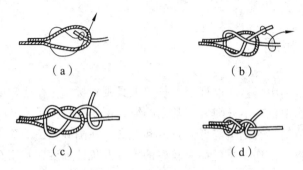

（a）　　　　　　　　　　　（b）

（c）　　　　　　　　　　　（d）

图 1-35　紧线扣的系法

（4）猪蹄扣（梯形结）。此扣与其他结的不同之处是它常需绑扎在桩、柱、传递物体等处，它的特点是易结易解，便于使用，有时在抱杆顶部等处也绑扎此结。图 1-36 所示为猪蹄扣在平面上和实物上的系法。其中图 1-36（a）为在平面上的形状，按箭头所示方向进行重合。图 1-36（b）为完成后的猪蹄扣，两绳圈中心为所要绑扎的物体。图 1-36（c）为绑扎在物体上的方法，首先在绑扎物上缠绕一圈，再按箭头所示方向进行穿越绑扎。图 1-36（d）为完成后的猪蹄扣。

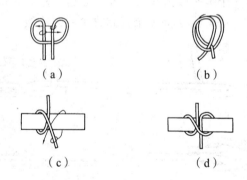

（a）　　　　　　　　　　　（b）

（c）　　　　　　　　　　　（d）

图 1-36　猪蹄扣系法

（5）倒扣。倒扣的特点是可以自由调节绳身的长短，结扣、解扣都极为方便，在绳身受张力时，结的效果更佳。在电力施工中，电杆或抱杆起立时，用此绳扣将临时拉线在地锚上固定。倒扣的系法如图 1-37 所示，将绳索绕穿过金属环，把绳头部分在绳身上绕圈并穿越，再间隔一段距离，按箭头所示方向继续穿越。应当注意的是，每次的缠绕方向应一致，并且注意在实际工作现场中，此扣系完后，都用绑线将短头与主绳固定，以防止绳长的突然变化。

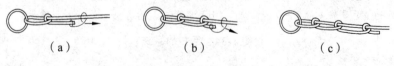

（a）　　　　　　　　（b）　　　　　　　　（c）

图 1-37　倒扣系法

（6）背扣。背扣多用作临时拖、拉、升降物件之用，不受物体体积大小的限制，此结简单而实用，但必须在受张力下才能发挥扣的作用，并会越拉越紧。在高空作业时上下传递材料、工具时常用此扣。背扣的系法如图 1-38 所示。

（7）倒背扣。倒背扣是背扣与一个倒扣的组合，在拖拉物体或垂直起吊轻而细长物件时使用，物体上的环形绳结（倒扣）可根据需要任意增减。倒背扣的系法如图 1-39 所示。图 1-39（a）为垂直起吊物体时绑法。图 1-39（b）为水平拖拉物件时绑法。

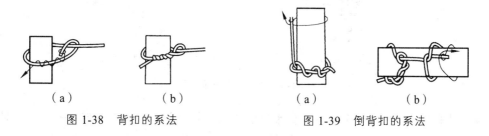

图 1-38 背扣的系法　　　　　图 1-39 倒背扣的系法

五、U 形环

U 形环（简称卸扣）主要用于钢丝绳之间的连接和固定，以及钢丝绳与滑车及各种物件之间的连接和固定。它是线路施工中使用最广泛的连接工具。U 形环种类很多，都是由弯环和横销两个构件组成，如图 1-40 所示。

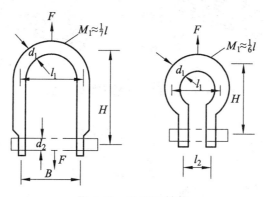

图 1-40 U 形环结构

U 形环使用时应注意以下事项：

（1）U 形环使用前，必须进行外观检查。凡表面有裂纹或严重伤痕、本身变形、销钉损坏或拧不到根者均不得使用。

（2）根据受力大小和钢丝绳规格，选用不同规格的 U 形环，不得超载使用。目前使用的 U 形环有两种：一是普通直形 U 形环，一是铝合金钢 U 形环。铝合金钢 U 形环表面标有允许负荷，选用比较方便的普通 U 形环时，在现场难以查找特性表时，可按下列经验公式估算

$$[P] = 51d_1^2 \qquad\qquad (1-16)$$

式中　$[P]$——允许负荷，单位符号为 N；

　　　d_1——U 形弯管的直径，单位符号为 cm。

（3）使用时，应注意 U 形环的受力方向，应使 U 形环与销钉对拉，如图 1-41 所示。否则，会降低承载能力。

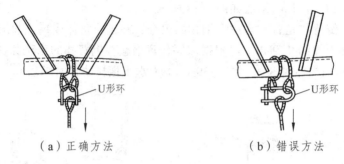

（a）正确方法　　　　　　　　　（b）错误方法

图 1-41　U 形环使用方法

（4）利用钢丝绳捆绑松散物件，如毛竹、木材、钢管等，要注意其安装有向，应使受力绳在 U 形环弯环内，不得在销钉上，如图 1-42（a）所示，以防钢丝绳律动时将销钉拧出。

（5）在高空使用 U 形环时，应考虑销钉的安装方向，使拆卸方便，以防止拔出时落下伤人。

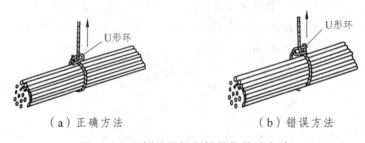

（a）正确方法　　　　　　　　　（b）错误方法

图 1-42　用钢丝绳捆绑松散物件的方法

六、手拉链条葫芦

（一）手拉链条葫芦特性及用途

手拉葫芦（又称神仙葫芦）是一种使用简便，适用于对小型设备和重物进行短距离吊装的（其质量一般不超过 5t）手动起重工具。它具有结构紧凑、手拉力小、使用稳当、较其他机械起重工具容易掌握等特点。由于它的调节距离长，承载能力大，基本上可取代双钩的作用。

目前在线路施工中，除吊装重物外，还用于大截面拉线安装、一地面锚线、附件安装、座地摇臂抱杆平衡调节等。由于手拉葫芦操作上比较可靠，不跑链，因此在高空作业中多采用。

使用时将手拉葫芦顶端的挂钩固定好，底端挂钩加上载荷后，用手慢慢拉动手链，使重物慢慢移动。

（二）手拉链条葫芦使用须知

（1）使用前应进行外观检查。凡部件不全，吊钩、链条、转轴及制动装置有损伤或变形，传动部分不灵活，吊钩、链轮有倒卡现象或链条有滑槽现象等，均不得使用。不得超载使用。

（2）使用时先稍微拉紧使其受力，然后检查各部分有无异常现象，再检查制动部分是否完好，经检查无异常后，方可开始操作。

（3）以水平方向使用这种葫芦时，应在链条入口处，用支垫物托平，以防止链条被卡住或脱槽；同时检查起重链条是否排放整齐，整理好后，方可使用。

（4）使用时，一般由一人拉细链条，如果起载量较大（3～5 t），可由两人拉链条。拉链时用力要均匀，不能过快过猛。开始拉链条拉不动时，应查明原因，不能增加人数强拉，以防拉断。

（5）手拉葫芦通常装有制动器，利用提升物的重力起到制动作用，即受力后不会回松。如果需要松时，应向反方向拉动细链条，方能回松。但也有装棘轮制动的，使用时应随时检查其可靠性，以防突然跑链。

（6）有拉力的葫芦需要长时间停留或过夜时，应在受力的粗链条尾部受力侧链条上绑上一个背扣，然后用细链条将尾部绑牢。

七、临时地锚

在线路施工中，施工临时地锚是用来锚固绞磨、牵引滑车组、导向滑车、压线滑车以及各种拉线等，在受力时使其不移动，是起重吊装作业中经常使用的一种锚固装置。临时地锚的形式很多，常用的有坑锚、立锚桩、地钻和铁桩等。

（一）临时地锚类型

1. 坑　锚

坑锚是指埋设在地坑内的卧式地锚，按其构造分为圆木地锚和钢板地锚两种，两者作用和埋设方法基本相同。

圆木地锚直径为 150～250 mm，长度为 1.2～2.0 m，是由单根或双根圆木捆绑在一起做成的，地锚套子按受力大小用钢丝绳钢绞线制成，如图 1-43 所示。圆木地锚容易损伤和腐烂，对木材质量要求比较高，一般多采用杉木。

（a）双根圆木组合地锚　　　　　（b）单根圆木地锚

图 1-43　圆木地锚

钢板地锚与圆木地锚相仿,用 5 mm 钢板卷成半圆形,直径为 300 mm,长度为 1.5～1.8 m,中间每隔 300 mm 焊接加筋板,如图 1-44 所示,连接一根拉棒或钢丝绳套,规格分几个允许拉力吨级。同圆木地锚相比,钢板地锚强度高,坚固耐用。因此,在目前线路施工中普遍使用钢板地锚。

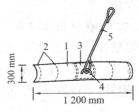

图 1-44　钢板地锚

1—5 mm 厚钢板；2—加筋板；3—14 mm 厚加强板；
4—ϕ22U 形螺栓；5—ϕ22 拉棒

2. 立锚桩

立锚桩是用 3～6 mm 厚钢板卷制和电焊制成,也可用圆木制作,其直径为 ϕ190 mm(与螺旋打洞锹相配的直径),长度 2.0～2.5 m。它主要用于粘土地区代替地锚,如图 1-45 所示,尤其适用于有地下水的水田里。由于立锚桩要用螺旋锹打洞,对土质中含有石块或流沙地带,因打不成孔不能使用。如果单桩稳定力不够,可采取双桩、三桩和群桩结构,如图 1-46 所示。它的承载力虽比锚坑小,但施工简便,占地小,省工省时,一般在河网水田地区使用较普遍。

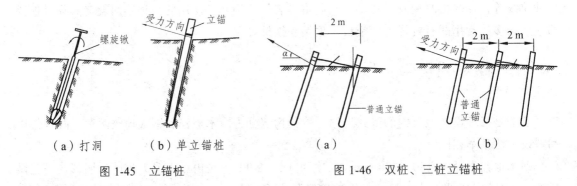

（a）打洞　　（b）单立锚桩

图 1-45　立锚桩

（a）　　　　　（b）

图 1-46　双桩、三桩立锚桩

3. 地　钻

地钻和立锚桩都是用于软土地带的锚固工具,地钻能承受一定的上拔力,但承受水平力时位移较大,与立锚桩受力情况恰好相反,所以一般采用地钻和立锚桩联合使用,以弥补各自的不足。流沙地带多采用地钻锚固。

地钻结构如图 1-47 所示,是用 ϕ30 圆钢作钻杆,下端有螺旋叶片。目前使用的地钻有两种,其技术参数如表 1-5 所示。

地钻受力后,为减少水平位移,应在地钻受力侧放一根横木,以抵抗其水平分力,如图 1-48 所示。

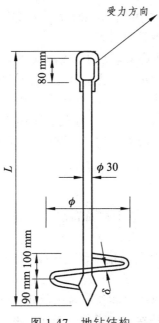

图 1-47　地钻结构

表 1-5　地钻类型

型号	最大拉力（kN）	最大深度（mm）	主要尺寸（mm）			质量（kg）
			L	ϕ	δ	
SDZ-1	10	1 000	1 120	250	5	8.5
SDZ-3	30	1 500	1 710	300	8	12.0

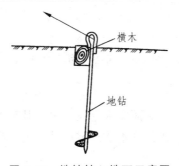

图 1-48　地钻钻入地下示意图

（二）临时地锚使用须知

1. 圆木地锚

（1）使用前必须进行外观检查，凡木质腐烂外表损伤严重，不得使用。

（2）使用时除验算圆木本身的强度外，还要根据不同的地质情况计算其稳定性，以确定其埋深。如果单根圆木的强度或稳定达不到要求时，应采用双根或多根捆绑在一起使用。不得降低其安全系数。

（3）地锚钢绳套应捆绑在圆木中间，并用卡钉将捆绑钢绳钉死。对受力大的地锚，为防止捆绑钢绳压伤圆木，可用钢板或铁桩衬垫。

（4）圆木地锚埋设时，应使钢绳套垂直于地锚中心线，以保证其受力面与计算条件相符，否则承载力将降低。在土质较好的地区埋设地锚时，应分层夯实使其密度均匀。在土质极差（淤泥）且有地下水或地面积水的地方埋设地锚时，应先将坑内积水排出。为防止地铺两端受力不平衡而滑向一侧，钢绳套可采用两点绑扎，如图 1-49 所示。

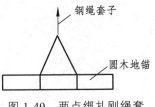

图 1-49　两点绑扎刚绳套

2. 钢板地锚

（1）施工前应进行外观检查。凡表面严重腐蚀、本身变形或拉棒连接不牢者，不得使用，且不得超负荷使用。

（2）地锚上的拉棒应用 U 形环与地锚预留孔连接，不得用钢丝绳或铁丝绑扎。

（3）钢板地锚的埋设和培土，其要求与圆木地锚相同，应使拉棒垂直于地锚中心线和半圆形的弧面，以保证受力面与计算条件相符，否则承载力将降低，如图 1-50 所示。

（4）设置地锚时，应尽可能选在地面干燥、无地下水、雨后无积水的地方，以提高地铺的稳定性。如果在水田或有地下水的地方设置地锚，除地锚必须在坑内放平外，回填土时坑内的积水还应排去，地锚两侧的回填土要均匀，不得一侧填得实，一侧填得松，以防受力后从一侧拔出。

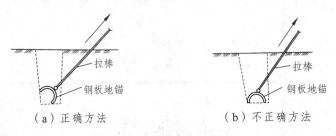

（a）正确方法　　　　　　　　（b）不正确方法

图 1-50　钢板地锚使用方法

3. 立锚桩

（1）使用前应进行外观检查。对薄钢板卷制立锚，凡整体折弯，局部严重变形，表面裂缝或锈蚀时不得使用，对圆木立锚，凡木质严重腐蚀，表面损伤和顺向裂缝严重等，均不得使用。

（2）设置立锚桩时，先在立锚位置挖一个圆地槽，将螺旋打洞锹向受力方向倾斜 15° ~ 20° 竖立在地槽内，用人工旋转下挖，直到挖到规定深度为止。挖好后应形成直径约为 20 cm 的斜向洞孔，然后将立锚插入洞内，立锚紧靠受力侧，使其承受一定的拉力。

（3）立锚桩的承载能力，根据土质情况的不同而有所不同，应在使用前进行试拉。

（4）立锚桩有一定的受力方向，应向立锚倾斜的反方向受拉。如果受力方向改变并已偏出立锚受力方向（其偏角超过 15°），会使受力不均，降低效果，一般应重新设置。

（5）立锚桩插入土中后，端部露出长度不得小于 40 cm，露出过短会影响钢丝绳的绑扎，过长则埋深不够。

（6）选用立锚桩时，如果单桩、双桩不能满足要求，可采用多根串联桩或三角梅花桩。一般受力较大的锚桩点均采用多组三角桩联合使用。如果上拔力较大时，可在立锚桩前面再加设几个地钻，以抵抗其上拔力。

（7）立锚桩根据受力的不同，分为普通型立锚、加强型立锚和横向钢管三种。故在布置群桩时，应注意三种立锚桩的使用方法和位置。不得用普通立锚代替横向钢管，也不得用普通立锚代替加强型立锚。

4. 地　钻

（1）使用前应进行外观检查。凡焊接脱焊、钻杆或叶片严重变形者不得使用，且不得超载使用。

（2）设置地钻点应选在地面干燥、土质比较松软的地方。进钻方法是将钢管（一般用磨杠）穿入拉环内，地钻的钻杆垂直于地面，用人力推转钢管使地钻旋入土中，一直钻到预定深度为止。钻杆不宜斜向入钻，这样操作困难。

（3）对重要的锚固点，应事先进行使用性试验。对土质较差的淤泥地带不宜使用。

（4）对无法使用立锚的流沙地带，且载荷又比较大，可采用多个地钻组成群钻进行锚固。

八、机动绞磨

由于机动绞磨比人推绞磨速度快，操作安全方便，搬运轻便，因此在起重牵引中受到施工人员的普遍欢迎。

机动绞磨是由汽油发动机、离合器、变速箱、卷筒及磨架等部件组成的，如图 1-51 所示为机动绞磨外形图。

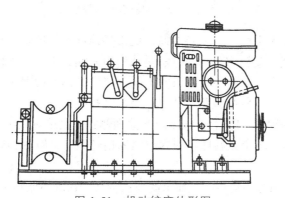

图 1-51　机动绞磨外形图

机动绞磨使用时应注意以下事项：

（1）操作人员应经过专业培训并持证上岗。

（2）使用前必须进行外观检查。凡磨架损伤、连接部件不牢或脱焊、刹车装置不灵、部件不全以及变速箱内缺少机油者（必须保持 1/4 的机油），均不得使用，且不得超载使用。

（3）牵引绳在磨芯上的缠绕方法，应从卷筒下方卷入，排列整齐，缠绕不少于 5~6 圈，受力绳在下面，如图 1-52 所示。

（4）安放绞磨必须平整摆正，使卷筒对准牵引方向，即卷筒在导向滑车与锚桩的直线上。如果绞磨向左偏，牵引绳容易在卷筒外面的空隙内卡死；如果绞磨向右偏，牵引绳容易在磨芯上被压死，使无法转动，且易出事故。

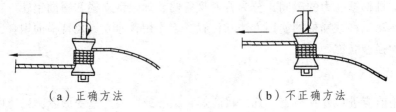

（a）正确方法　　　　　　　　（b）不正确方法

图 1-52　牵引绳安装

（5）锚固绞磨必须将钢绳套连接在卷筒两侧轴承支座的拉板上锚固，钢绳套最好采用两根，分别与一根锚桩固定，呈 V 字形，如图 1-53 所示。采用一根钢绳套锚固时，钢绳套至少在锚桩上缠绕一圈，两边等长，以防受力不均或窜动。

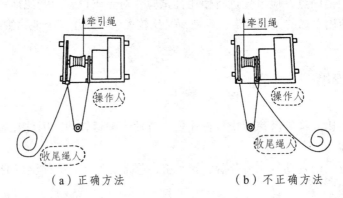

（a）正确方法　　　　　　　　（b）不正确方法

图 1-53　锚固机动绞磨

（6）往卷筒内缠绕牵引绳时，先将卷筒外侧支架顶部的横向螺栓拧松，打开箍套，拉出拉板，然后将牵引绳绕入卷筒内。缠绕方法是从牵引侧起，由卷筒下面向上面穿，以顺时针方向缠绕，受力牵引绳靠变速箱并在卷筒的下面，如图 1-53（a）所示。当牵引绳绕好后，再将拉板和箍套恢复原位，并将拉板穿钉装好，顶部螺栓拧紧。

（7）收尾绳应在锚固侧（即后侧），不得在前面侧拉。收尾绳人应站在锚桩的后面，尾绳圈应放置在人身外面，人不得站在尾绳圈内或锚固钢丝绳上，如图 1-53 所示，以防跑线或锚桩被拔出而将人带走受伤。

（8）绞磨受力后，前方不得有人，如果磨绳被卡死，在既不能牵引又不能回松的情况下，应采取卸荷处理，将另备的钢丝绳套用马鞍螺栓或卡头固定在牵引绳上，用双钩收紧，使绞磨不受力，然后进行处理。

（9）回松牵引绳时，应回转绞磨进行回松，不得采用松磨绳尾绳的方法卸荷或无控制地进行回松。

（10）每次开机前要检查离合器是否合紧，在牵引过程中严禁拨动离合器，以防发生跑线。如果离合器手柄临时断掉，不得用其他东西如尖头扳子、钢筋等塞入，使离合器闭合。

（11）制动和刹车装置应可靠，在紧急情况下，操作使用应灵活。

思考与练习

一、选择题

下列每道题都有 4 个答案，其中只有一个正确答案，将正确答案填在括号内。

1. 安全带是保障高处作业人员正常工作并预防坠落的防护用品，登高高度大于（ ）m 时必须使用。

（A）0.5 　　　（B）1.0 　　　（C）1.5 　　　（D）2.0

2. 钢丝绳在使用过程中必须经常检查其强度，一般至少（ ）个月做一次试验。

（A）3 　　　（B）4 　　　（C）5 　　　（D）6

二、判断题

判断下列描述是否正确。对的在括号内画"√"，错的在括号内画"×"。

1. 安全帽是对人体头部受外力伤害起防护作用的，进入工作现场时必须佩带。（ ）

2. 螺丝刀可以当凿子或撬棍使用。（ ）

3. 在工作现场，登高用具与随身工具准备就绪后，还需再次检查脚扣、安帽与安全带，确认安全可靠后方可使用。（ ）

三、问答题

1. 使用钢丝绳应注意哪些事项？

2. 使用机动绞磨应注意哪些事项？

课题三　基坑开挖

【学习目标】

掌握基坑开挖与回填方法。

【知识点】

（1）土壤的工程分类。

（2）一般土坑的开挖。

（3）水坑的开挖。

（4）10 kV 及以下的钢筋混凝土电杆基础挖掘。

（5）控坑注意事项。

【技能点】

基础开挖方法。

【学习内容】

基坑开挖是在线路复测及按杆塔类型和基础型式分坑之后，根据测诊所钉的坑位桩而进行的挖掘。挖掘时应根据不同的土质采用不同的施工方法。

一、土壤的工程分类

土壤大致分成黏性土、砂石类土和岩石三大类。黏性土可分为黏土、亚黏土亚砂土三种；砂石类土可分为砂土和碎石，砂土又可分为砾砂、粗砂、中砂、细砂、粉砂，碎石又可分为大块碎石、卵石及砾石；岩石可分为灰岩、页岩和花岗岩。各类土壤的现场鉴别方法见表1-6，可供设计与施工时参考。

表 1-6　各类土壤的现场鉴别方法

土壤名称	现场鉴别方法				
	在手掌中搓捻时的感觉	用放大镜看和用眼睛看的情况	土的情况		搓条情况
			干的时候	湿的时候	
粘土	不感觉有砂粒	大多是很细的粉末，一般没有砂粒	土块很坚硬，用锤可打成碎块	塑性大，黏结性很大，土团压成饼时，边不起裂缝	能搓成直径为1 mm的长条
亚粘土	感觉有砂粒，小土粒易用指捻碎	细土粉末中有砂粒	土块需用力压碎	塑性小，黏结力大	能搓成直径为2~3 mm的条，但长度较小
亚砂土	感到有砂粒，也有些黏性	砂粒比黏土多	土块用手捏或抛扔时易碎	无塑性	搓不成土条
砂土	感到是砂粒	看到绝大部分是砂粒	松散	无塑性	搓不成土条

二、一般土坑的开挖

在开挖前应将基面及基面附近的障碍物清除干净，挖掘土方应自上而下分层进行，不得采用掏洞法挖坑，如坑底超过 2 m 时，可由两人同时挖掘，但不得面对或相互靠近工作。向坑外抛土时，应防止石块回落伤人。任何人不得在坑内休息。坑挖至一定深度时，要有便于上下的梯子，挖出的土壤应堆积在坑边 1 m 以外的地方，并应留出适当的位置便于基础施工。

坑壁应留有适当的坡度。坡度的大小与土壤性质、地下水位、挖掘深度等因素有关。开挖前必须对土壤进行多方面的了解，边坡距离要根据实际情况适当加长或缩短。如在开挖过程中发现土壤湿度较大或者土质散松时，可将边坡加大，或将边坡挖成阶梯形，以确保不发生坑壁坍塌现象。开挖的坑底必须铲平，中间不得有凹凸不平现象，坑底平面要在一个水平面上。

如基础浇灌不能马上进行，坑底应暂留 300 mm（石坑除外），等到基础烧制前再挖掘整平。

三、水坑的开挖

水坑和带有泥土的泥水坑的开挖，要根据桩位渗水的实际情况决定开挖方法。

一般渗水速度比较慢的水坑，可用人工淘水的方法，如用水桶或其他工具将水掏出。边挖边掏水，挖到一定深度后水坑易坍塌，特别是坑深超过 1.5 m 的深坑，需采用下板桩支挡坑壁的方法来挖坑。具体方法是：用板桩或木桩支撑坑壁，板桩的尺寸一般厚为 50 mm，宽度为 150～200 mm，木桩可用直径 150 mm 的圆木，横支撑木的距离应不大于 1 m。在施工时当坑深达到 0.5 m 时安装横支撑，然后沿横支撑和坑壁之间打入板桩或木桩。木桩之间垫以草袋，防止土壤塌入坑内，如图 1-54 所示。待板桩或木桩打入土中 0.2～0.3 m 时继续开挖，边挖边打，直到达到设计深度。

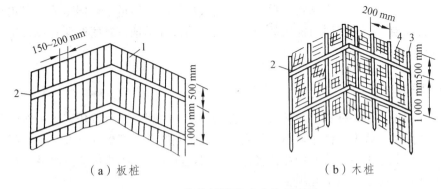

（a）板桩　　　　　　　　　（b）木桩

图 1-54　坑壁侧板桩或木桩示意图

1—板桩；2—横支撑；3—木桩；4—草袋

四、10 kV 及以下的钢筋混凝土电杆基础挖掘

电杆基坑施工有人力开挖、机械开挖和爆破等方法。除坚硬岩石采用爆破方法以外，绝大部分基坑采用人力开挖。

（一）电杆位置选择

配电线路一般按图 1-55 所示情况分别选择适当杆位。

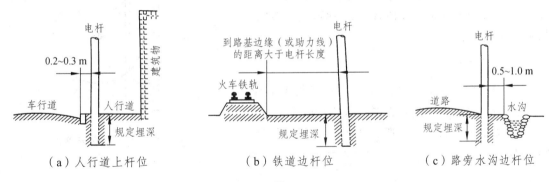

（a）人行道上杆位　　　　（b）铁道边杆位　　　　（c）路旁水沟边杆位

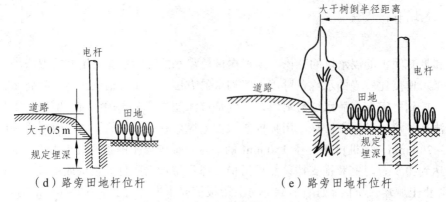

（d）路旁田地杆位杆　　　　　　（e）路旁田地杆位杆

图 1-55　电杆基坑位置选择

小街巷（胡同）口、十字路口、单位及房屋大门等交通要道，松弱土质、河川地、急斜坡等立杆不稳固地带，施工时可能破坏地下管线的路段或与地下管线同路径以及用户院落内等不便巡视处，不宜立杆。

（二）杆坑定位

挖杆坑之前检查杆位标桩是否符合设计图的要求，使用经纬仪或用三点一线法测量杆位标桩是否在线路中心线上。由于城镇的规划工作在不断完善，配电线路及其他管线要符合规划位置要求，因此施工前应检查所在路径地下管线情况，如发生矛盾应及时妥善解决。

坑施工前定位标准有以下几项：

（1）直线杆的顺线路方向位移不应超过设计档距的 3%，横线路方向位移不应超过 50 mm。

（2）转角杆、分支杆的横线路、顺线路方向的位移均不应超过 50 mm。

（3）当遇有地下管线等障碍物不能满足上述横线路方向位移要求时，位移在不超过一个杆根时，可采取加卡盘或拉线盘等补强措施。当位移超过一个杆根时，应通过设计人员重定杆位。

（三）电杆基础开挖

电杆基坑分为圆形直坑和阶梯坑（马道坑）。圆形直坑适用于不装设底盘和卡盘的电杆，土方量少，施工进度快，电杆的稳定性了。电杆圆形直坑直径不宜过大，为便于夯土，坑口直径可比电杆根部直径约大10 cm。人工立杆时多采用阶梯坑，立杆较为方便，区易装设底盘和卡盘。

1. 直坑挖掘步骤

（1）根据杆位标桩划出挖坑的范围（见图 1-56）。

① 杆坑直径应比电杆根径约大 10 cm。

② 如需要设置卡盘，则卡盘坑应比卡盘实际尺寸约大 10 cm。

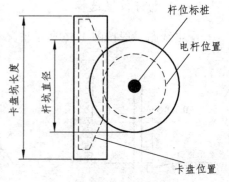

图 1-56　杆位范围示意图

（2）掘起路面、步道或覆土（见图1-57）。

① 沥青、水泥路面用钉子沿挖坑范围凿出坑的边界沟道，再用大锤砸开路面，用镐挖起路面。

② 如挖掘位置为方砖步道，则用镐小心将方砖起开。

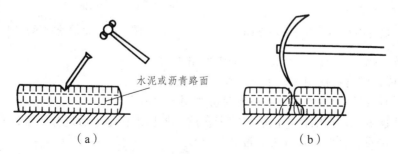

图1-57 掘起路面示意图

（3）用大铲（挖掘工具）挖掘，用夹铲起土，交替进行直到所需深度为止（见图1-58）。

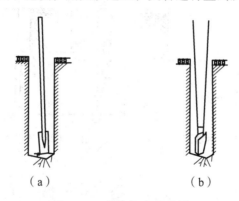

图1-58 夹铲起土示意图

① 用大铲按所划范围进行挖掘、松土。

② 先用铁锹取土，铁锹取土不便时可改用夹铲取土，出土放至距杆坑0.5 m处。

③ 使用大铲戳土应两腿分开，站好位置。防止碰伤脚和头部。

（4）挖掘至所需深度后，如装设卡盘，则在电杆入位后，继续挖卡盘坑，卡盘深度约为1/3电杆埋深。

2. 阶梯坑挖掘步骤

（1）根据杆位标桩划出挖坑的范围（见图1-59）。

① 每一阶梯（马道）的高度约为1/3埋深，每一阶的长度约为40 cm。

② 如需要设置卡盘，应在立杆后挖卡盘坑。

（2）掘起路面、步道或覆土。

（3）用镐或大铲挖掘第一阶坑，用铁锹起土，直到挖掘到所需的深度（见图1-60）。

① 用镐或大铲按所划范围进行挖掘、松土。

② 用铁锹取土、出土放至距杆坑0.5 m处。

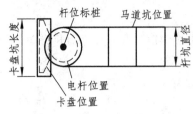

图 1-59　阶梯坑挖坑范围示意图

图 1-60　用镐挖掘示意图

（4）继续挖掘二、三阶坑到电杆埋深（见图 1-61）。

① 用镐或大铲进行挖掘、松土。

② 继续用铁锹取土，铁锹取土不便时可改用夹铲取土。

（5）如装设卡盘，在电杆入位后，挖卡盘坑。挖坑工作结束后进行测量，直到符合标准（见图 1-62）。测量埋深时以最浅处为准。

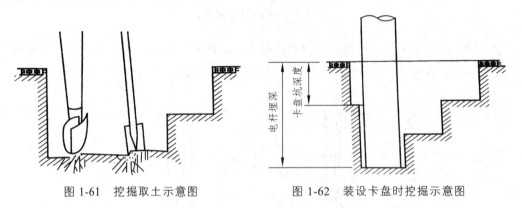

图 1-61　挖掘取土示意图　　　　　　　图 1-62　装设卡盘时挖掘示意图

五、挖坑注意事项

（1）要注意熟悉被开挖基坑的桩位、杆塔型号、基础型式、土壤情况，根据设计要求的尺寸放样后再开挖。

（2）杆塔基础的坑深应以设计规定的施工基面为准，拉线坑的坑深以拉线坑中心的地面标高为基准。

（3）施工时应严格按设计要求的位置与深度开挖，坑深允许误差为 + 100 mm，− 50 mm，坑底应平整，同基基坑在允许误差范围内按最深一坑操平。

（4）杆塔基础坑其深度误差超过 + 100 mm 时按下列规定处理：

① 铁塔基础坑。其超深部分以铺石灌浆处理，对于钢筋混凝土电杆基础坑，超深在 100 ~ 300 mm 之间时，其超深部分以填土夯实处理；超深 300 mm 以上时，其超深部分以铺石灌浆处理。

② 凡不能以填土夯实处理的水坑、流沙坑、淤泥坑及石坑等，其超深部分按设计要求处理，如设计无具体要求时，以铺石灌浆处理。

③ 对于个别杆塔基础坑，深度虽已超过允许误差值 100 mm 以上，凭经验若无不良影响，经设计部门同意，可不做处理只做记录。

（5）杆塔基础超深而以填土夯实处理时，应用相同的土壤回填，并夯至与原土相同的密度。若无法达到时，应将回填部分铲去，改以铺石灌浆处理。

思考与练习

一、选择题

下列每道题有 4 个答案，其中只有一个正确答案，将正确答案填在括号内。

1. 基础坑开挖时应严格按设计要求的位置与深度开挖，坑深允许误差为（　　　），坑底应平整，同基基坑在先允许误差范围内按最深一坑操平。

（A）+100 cm、−50 cm　　　　　　（B）+50 mm、−100 mm

（C）+100 mm、−50 mm　　　　　　（D）+50 cm、−100 cm

2. 10 kV 及以下直线杆顺线路方向位移不应超过设计档距的（　　　）。

（A）3%　　　　（B）4%　　　　（C）5%　　　　（D）6%

二、判断题

判断下列描述是否正确，对的在括号内画"√"，错的在括号内画"×"。

1. 土坑开挖时，任何人不得在坑内休息。（　　　）

2. 土坑开挖时，可以采用掏洞法挖坑。（　　　）

三、问答题

1. 土壤如何分类？

2. 土坑基础开挖应注意哪些事项？

课题四　基坑操平找正

【学习目标】

掌握基坑操平找正的方法。

【知识点】

（1）基坑操平。

（2）基坑找正。

【技能点】

基坑操平找正的方法。

【学习内容】

一、基坑操平

杆塔基础坑挖完后，应进行坑底标高的测量，以检查坑深是否符合设计要求，这项工作称为转坑的操平。

（一）单杆基坑操平

如图 1-63 所示，单杆基坑的操平方法：A 为施工分坑时的辅助桩，从设计的平、断面图上可以知道 A 点的标高，假定为 H_A，这时可在辅助桩 A 点安置经纬仪 1，在坑内竖立塔尺 2，若经纬仪的读数为 H，经纬仪高为 i，则坑底标高 H_0 为

$$H_0 = H_A - (H - i) \tag{1-17}$$

如 H_0 值与设计标高一致，说明基坑深度符合要求，否则按允许误差进行处理。竖立塔尺时，应沿坑底四角分别竖立，以便测量坑底是否水平。

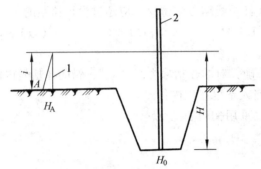

图 1-63　单杆基坑操平示意图

A—辅助桩；H_A—假定 A 点标高；H_0—坑底标高；H—经纬仪的读数；i—经纬仪高度
1—经纬仪；2—塔尺

（二）双杆基坑操平

如图 1-64 所示，双杆基坑的操平方法基本与单杆的相同，操平时将经纬仪安置在杆塔中心桩 2 处，设仪器高为 i，然后分别将塔尺竖立在各杆塔四角，得出读数为 H_0。将 H 值代入式（1-17）计算出各基坑内各点的标高，如果标高超过允许误差，应按规定进行修整，直到使其符合设计标准要求为止。

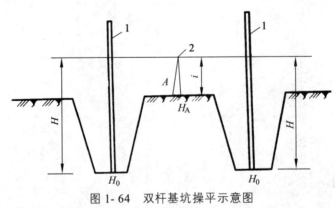

图 1-64　双杆基坑操平示意图

1—塔尺；2—经纬仪

（三）铁塔基坑操平

铁塔基坑操平方法与双杆基坑操平方法基本一致。但应注意的是，基础坑深操平时，不

能每个基坑内只立一次塔尺，测一个点，尽管有的基坑坑底比较平整。应该是在每个基坑测量四角的值，每基四个基坑都要测量，其目的是使四个基坑的底面都处在一个水平面上。

二、基坑找正

杆塔基坑操平完毕后还应再进行找正。找正是使基坑中心、铁塔地脚螺栓等的位置符合设计要求。下面介绍找正的方法。

（一）单杆基坑找正

如图 1-65 所示，利用分坑时所钉的辅助桩 A、B，在 A、B 之间拉一条线绳。根据分坑时记录的辅助桩 A、B 到中心桩口的距离 L_A、L_B，可定出 O 点。在 O 点悬挂一个垂球，垂球的尖端即坑的中心，也是线路中心线上杆塔位的中心。按坑的中心以 $a/2$ 量出四周距离，如符合设计标准即找正完毕；如不符合设计要求，则对坑进行修理，直至符合要求为止。

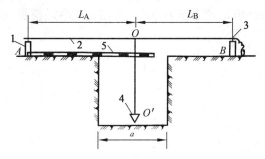

图 1-65　单杆基坑找正示意图

1—辅助桩；2—线绳；3—圆钉；4—垂球；5—塔尺

（二）双杆基坑找正

如图 1-66 所示，利用分坑时所钉的辅助桩 A、B，在 A、B 之间拉一条线绳；然后从杆位桩 O 分别向左右量出距离为 $D/2$（D 为双杆之根开）得 E、F 两点，在 E、F 两点分别悬挂垂球，垂球尖端所指即为坑位底部中心。以底部中心向四边量出坑边长的 1/2，如不符合设计要求，需按要求修理基坑，直至符合设计要求为止。

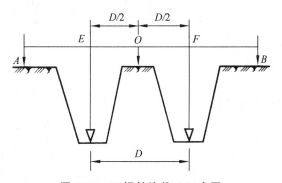

图 1-66　双杆基坑找正示意图

（三）铁塔基础坑找正

铁塔基坑因雨水冲刷、风沙填积或开挖不合格等原因使基坑变形，因此，对铁塔基坑要进行正找，即找出铁塔到四个从坑的中心。其找正方法与双杆基坑找正方法大致相同。如图 1-67 所示，根据分坑钉立的辅助桩 A'、B'、C'、D'，在 A'、C'两桩和 B'、D'两桩分别连接一条线绳，每条线绳必须通过中心 O 点，使两线互为 90°。根据铁塔基础施工图提供的对角线，按 $L/2$ 长度计算为 F_0。然后从中心量起在 OC'方向上量取 F_0，得 C，从 C 处悬挂垂球，垂球尖端所指为该坑中心，从中心按 1/2 坑边长向四周量，如不合格，需进行修坑，直至修理符合标准为止。以同样的方法可以对另外三个坑位进行找正和修理。

另外、铁塔基础坑的找正也可参考图 1-20 的方法进行，利用四个辅助桩闭合后是正方形的原理，可以校正各层模板及地脚螺栓位置的准确性。

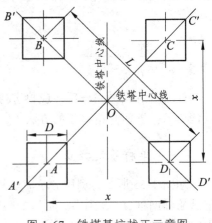

图 1-67　铁塔基坑找正示意图

D—基础底座宽；x—基础根开

思考与练习

一、名词解释

1. 基坑操平；
2. 基础找正。

二、问答题

1. 单杆基坑如何进行操平？
2. 如何进行双杆基坑找正？

课题五　基础施工工艺

【学习目标】

掌握"三盘"基础施工工艺。

【知识点】

（1）钢筋混凝土电杆预制基础安装。
（2）回填土施工。

【技能点】

"三盘"基础施工。

【学习内容】

杆塔的基础包括现浇混凝土基础、装配式基础、板式基础、岩石基础等类型，本课题主要介绍配电线路常用的"三盘"基础施工。

一、钢筋混凝土电杆预制基础安装

钢筋混凝土电杆的基础是指底盘、拉线盘、卡盘，即所谓"三盘"。

（一）底盘的安装

1. 吊盘法

在基坑口设置 20 mm × 6 000 mm 的三脚木抱杆，抱杆上绑好滑车组，吊起底盘，慢慢放入坑中，如图 1-68 所示。此法较安全，适用于吊装较重的底盘。

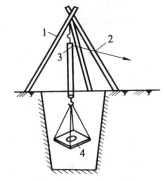

图 1-68　安装底盘的吊盘法

1—三脚架；2—牵引钢绳；3—滑轮；4—底盘

2. 滑盘法

把两根木杠放于坑底和坑壁之间，用撬杠将底盘前移（或用绳索拉底盘），底盘后端带上反向拉线，将底盘沿木杠滑到坑底，再抽出木杠，使底盘置于坑底，如图 1-69 所示。滑盘法多用于边坡较大的基础。

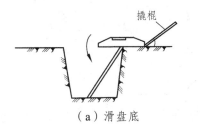

（a）滑盘底　　　　　　　　　　　　（b）滑拉盘

图 1-69　滑盘法

（二）拉线盘的安装

拉线盘的安装方法如图 1-70 所示。按图中所示将拉线棒、拉线环和拉线盘组装好。下拉线盘前先检查拉线盘的质量、拉线坑的位置、有效深度等，然后将拉线棒和拉线盘组装成套，用撬棒将拉线盘撬入坑内，入坑时用绳索一端连在拉线盘上，另一端绕在临时锚柱上，逐渐放松绳索，使拉线盘平稳落入坑底。若地面土质松软，可在地面铺木板或两根平行的木棍。拉线盘在坑底应斜放，盘面和拉线方向垂直。为了使拉线盘的抗拔力增加，在不增加土方量情况下，可将开挖坑的中心线向外移半个坑宽，坑底近杆塔侧掏挖半个拉线盘宽。

拉线盘安装后其受力侧基本为原状土，可以大大改善上拔力。拉线盘上倒锥体原状土应尽量不要破坏，以保证拉盘的抗拉能力。回填土要保证质量，符合要求。

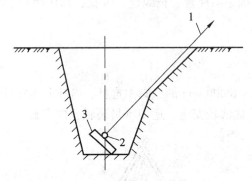

图 1-70　拉线盘安装图

1—拉线棒；2—拉线环；3—拉线盘

（三）卡盘的安装

为防止电杆在正常运行中发生倾斜甚至倾覆，按设计规程要求，当配电线路连续直线杆超过一定基数时，宜适当装设防风拉线（即人字拉线）。但是，目前郊区或农村拖拉机使用较为广泛，在土地，特别是耕地稀缺的情况下，大量装设防风拉线既占耕地更容易增加拖拉机剐蹭拉线造成线路外力事故，急需用卡盘替代人字拉线以保障杆身的稳定。

（1）卡盘结构。卡盘的结构如图 1-71 所示。

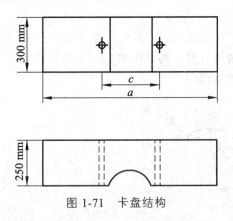

图 1-71　卡盘结构

（2）按照安装规程要求，电杆基坑采用卡盘时应符合下列要求规定：

① 安装前应将其下部土壤分层回填夯实。

② 安装位置、方向、深度应符合设计要求，深度允许偏差为 ± 50 mm。当设计无明确要求时，上平面距地面保持 500 mm 为宜。

③ 与杆身连接紧密。

（3）卡盘安装要求如下：

① 单卡盘安装。在安装单片卡盘时，在电杆埋深的 1/3 处是卡盘的中心，但卡盘的上平面距地面保持 500 mm，这是为了保证土地可耕种。为了充分发挥卡盘稳定电杆的作用，在保证土地可耕种的情况下，卡盘应尽可能地靠近地面。在用单卡盘时应与线路方向一致，左右交替安装，如图 1-72 所示。

② 双卡盘安装。为充分发挥第二卡盘稳固杆身的作用，第二卡盘应紧贴第一卡盘的下面并与第一卡盘垂直安装。卡盘与杆身之间用弧度与长度适当的 U 形抱箍相连。如装两个卡盘，应先装第二卡盘（下层），再装第一卡盘（上层）。对 10° 及以上的转角杆，卡盘安装于电杆分角线的内侧，上、下两侧夹角的放置要求与直线杆相同。

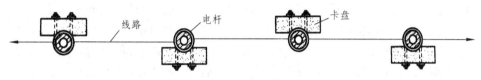

图 1-72　单卡盘安装示意图

③ 各种杆型卡盘安装示意图，如图 1-73 所示。

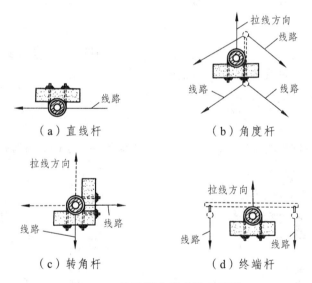

图 1-73　各种型卡盘安装示意图

二、回填土施工

（一）基坑回填土施工的一般规则

埋置于土壤内的基础是依靠土壤支持承受上拔、下压或倾覆力的。施工时，基础下部都是密实的原状土，而基础底层以上的是回填土。设计一般要求上部回填要达到一定的密实度，尽量把回填土夯实到与原状土一致。事实上回填土的密实度普遍达不到这一要求，这就使基础抗上拔及抗倾覆能力大为降低。因此回填土是一项很重要的工作，对于装配式基础的回填土尤为重要。

基坑回填土应符合下列规定：

（1）35 kV 架空电力线路基坑每回填 300 mm 应夯实一次，10 kV 及以下架空电力线路基坑每回填 500 mm 应夯实一次，树根杂草必须清除。

（2）水坑中应排除坑内积水。

（3）石坑中应按设计要求比例掺土，若设计无规定时，可按石与土的比例为 3∶1 均匀掺土夯实。

（4）冻土坑应清除坑内冰雪，并将大冻土块打碎掺以碎土，冻土块最大允许尺寸为直径 150 mm，且不许夹杂冰雪块。

（5）大孔性土，如流沙、淤泥等难以夯实的基础坑，应按设计要求或特殊施工措施进行。

（6）重力式及不受倾覆控制的杆塔，拉线基础坑回填时可适当增大分层夯实的厚度。

（7）在平地上回填土应筑起有自然坡度的防沉层，并要求上部面积和周边不小于坑口。回填一般土壤时，防沉层高为 300 mm，接地沟的防沉层为 100～300 mm。回填冻土及不易夯实的土壤时，防沉层厚度为 500 mm。

（二）拉线坑挖掘与回填施工步骤

1. 挖坑，装设拉线盘

挖坑步骤见本章课题一，拉线坑应挖斜坡（马道），使拉线棒与拉线电杆成一直线。拉线棒与拉线盘应垂直，与拉线盘连接应加角铁背板并带双螺母，拉线棒外露地面长度一般为 500～300 mm，如图 1-74 所示。

2. 回　填

填土时应将土块打碎，坑底回填结实，盐碱地带应做好拉线棒的防腐处理，如图 1-75 所示。

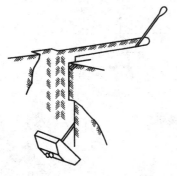

图 1-74　装设拉线盘示意图

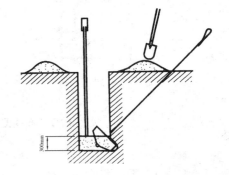

图 1-75　回填土示意图

3. 继续回填

每回填一层夯实一次，如图 1-76 所示。

4. 回填剩余土

剩余土回填在坑及马道上，高出地面约 300 mm，如图 1-77 所示。

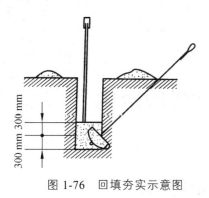

图 1-76 回填夯实示意图 图 1-77 回填剩余土示意图

思考与练习

1. 如何进行底盘的安装?
2. 如何进行拉线盘的安装?
3. 如何进行回填土施工?应符合哪些要求?

第二章 低压电力配电线路施工

课题一 普通杆塔的组装

【学习目标】

了解杆塔组装的要求及注意事项。

【知识点】

（1）杆塔构件组装的基本要求。

（2）横担安装。

【技能点】

横担安装。

【学习内容】

杆塔的零部构件都是在专业加工厂里加工制造的，为便于运输，就必须将杆塔分解成很多单元或单独构件，方能运至使用现场，然后再进行组装。

一、杆塔构件组装的基本要求

（1）组装是杆塔起立前按照组装图装置杆塔本体及横担铁件、金具、绝缘子等。重大工程均组织专人负责杆塔组装。工程规模较小，35 kV 及以下线路施工也可合并其他工序，如并入排杆或立杆工序一同进行。组装的关键是熟悉图纸，组装前应先核对杆塔编号，杆段尺寸及其编号，穿钉位置及方向是否与图纸规定符合，然后根据杆身排列方向（即杆梢向送电端还是受电端）确定安装的正确方式、横担的安装方向及位置等。除严格依照图纸尺寸位置进行安装外，还要注意图纸上装置有无其他特殊规定，角钢安装注意正反面标记，穿钉方向应按图施工，不能任意改变。安装后若发现误差，要做好记录；个别部件因加工尺寸不符，无法进行安装时，应记下杆号部位、部件名称、编号及应修改的详细尺寸，必要时画出草图，以便重新加工。

（2）对于双杆，组装前要反复测量上下根开距离，并测量两杆间的对角线、等高双杆的对角线是否相等。不等高双杆的根端必须在同一水平。

（3）安装横担及铁附件时，杆身下部分，可挖空地面泥土进行组装。对于螺栓结构的横担，组装时先不要将螺栓拧紧，应留有松动调节的余地。侍全部装上后，再逐个拧紧。安装后的横担应是水平，其歪斜不应超过横担长度的 5‰，不得向下倾斜。

（4）一般安装次序：先照规定尺寸装置抱箍，再依次装设其他铁附件。装叉梁时，需在叉梁下垫平或搁起。保持叉梁全部处在同一水平面上。

（5）组装铁塔时，注意每块塔材的编号，通常编号的第一个数字代表属于第几节，先按编号在地面依次排列就绪，再开始组装，同时注意图纸上每块钢材应安放的位置和安装方向，包括内、外、正、反都不能混淆。

（6）各部螺栓均应按规定放置垫圈或弹簧垫圈，拧紧后的露出丝扣应不少于两扣。穿钉方向应按照施工规定，通常为两端由外向内，中间由左向右（面向受电端），由上向下，由后向前。但铁塔和横担的所有连接螺栓通常均由内向外。施工规定螺栓要打冲时，应将螺帽拧紧后，将丝扣外露部分打毛，以防松动。

（7）镀锌铁件若有锌层剥落等漏镀部分，应涂防锈漆或灰铅油。不镀锌铁件若规定允许使用时，必须至少经两层防锈漆处理。

（8）组装时不得用大铁锤敲击，以免锌层破损或焊缝开裂。必须捶击时，应衬以木板。若铁件有不正及弯曲等，应矫正后再行安装。

（9）拉线和绝缘子串等尽可能在地面上先安装，随杆塔同时起立。绝缘子应经过测试合格，架空电力线路的瓷悬式绝缘子，安装前应采用不低于 5 000 V 的绝缘电阻表逐个进行绝缘电阻测定，在干燥情况下，绝缘电阻值不得小于 500 MΩ。组装时勿碰撞损伤，并应保持清洁。

（10）紧固工具和紧固要求。

① 拧紧螺栓应用专门工具（尖扳手、活扳手或套筒扳手），其规格应与螺栓配合，尖扳手或套筒扳手的卡口应与螺头、螺母大小相适应。

② 杆塔的连接螺栓应拧紧。螺杆或螺母的螺纹有滑牙，或螺母的棱角磨损过大以致扳手打滑的螺栓应予以调换。

③ 使用力矩扳手检查螺栓的拧紧程度时，应符合表 2-1 的要求。

表 2-1 不同螺栓规格的扭矩要求

螺栓规格	扭矩（kg·cm）	螺栓规格	扭矩（kg·cm）
M12	400～500（4 000 N·cm）	M20	800～1 100（10 000 N·cm）
M16	700～900（8 000 N·cm）	M24	（25 000 N·cm）

④ 杆塔的全部螺栓应紧固两次，第一次在杆塔组立后，第二次在架线后。

（11）组装应具备的工器具与资料如表 2-2 所示。

表 2-2　组装应具备的工器具

序号	工器具名称	规格	单位	数量	序号	工器具名称	规格	单位	数量
1	扳手	200～300 mm	把	各2	10	钢卷尺	15 m	盘	1
2	扳手	400～450 mm	把	各1	11	木杠棒		支	10～16
3	套筒扳手	全套	副	1	12	绳索			
4	尖头铲		把	2	13	油漆			
5	铁钎	$\phi25～\phi30$ mm	支	4	14	刷帚		把	2
6	小铁撬棒	$\phi16×300$ mm	支	2	15	道木		块	
7	大铁撬棒	$\phi20×500$ mm	支	2	16	杆塔明细表			
8	大铁锤	8 kg	把	1	17	组装图			
9	皮卷尺	30 m	盘	1	18	杆型图			

（12）组装时必须注意的安全措施。

① 组装杆塔时，需有专人负责指挥；移动或起吊重大物件时，需与前后左右相互呼应，避免碰撞压伤。

② 移动水泥杆要随时用木楔垫稳，防止滚下压伤脚背。

③ 在地势不平处排杆组装时，事先应修整场地，在下坡处做好防滚动措施。

④ 登塔组装前要检查脚钉螺栓是否拧紧可靠。登上杆塔以后，开始工作前必须先系好安全带，安全带要结在主角钢上。登杆工作人员必须戴安全帽。

⑤ 安装横担或铁塔时，严禁用手指伸入对螺孔，只能用铁撬棒对螺孔。

⑥ 组装铁塔时，下面不许有人同时进行其他工作，以防落下铁件或工具伤人。

二、10 kV 及以下配电线路横担安装

横担安装有两种方法，即地面组装和杆上组装。地面组装就是立杆前在地面将横担安装完毕，这种方法比较简单省力。但安装时要注意螺栓穿向，立杆后需调整横担方向。杆上组装在 10 kV 及以下配电线路施工中应用比较广泛，这里重点介绍杆上组装。

（一）杆上安装横担的方法步骤

（1）携带杆上作业全套工器具，对登杆工具做冲击实验，检查杆根，做好上杆前的准备工作。

（2）上杆到适当位置后，安全带系在主杆或牢固的构件上（一般在横担安装位置以下）。若使用脚扣登杆作业，在到达作业区以后，系好安全带，双脚应站成上下位置，受力脚应伸直，另一只脚掌握平衡。在杆上距离杆头 200 mm 处划印，确定横担的安装基准线。放下传递绳，地面人员将横担绑好，杆上作业人员将横担吊上杆顶，如图 2-1 所示。

（3）杆上作业人员调整好站立位置，将横担举起，把横担上的 U 形抱箍从杆顶部套入电杆，并将螺帽分别拧上，调整横担位置、方向及水平，再用活板固定。

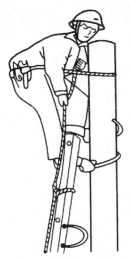
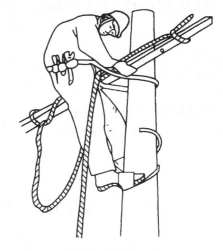

（a）将横担吊到杆上　　　　　（b）将横担套在杆头上

图 2-1　杆上安装横担示意图

（4）检查横担安装位置，应在横担准线处，距杆头 200 mm。

（5）地面工作人员配合杆上人员观察、调整横担是否水平以及顺线线路方向垂直，确认无误后再次紧固。

（6）杆上作业人员解开系在横担上的传递绳并送下，把抱箍及螺栓一起吊到杆上进行安装。

（7）杆上作业人员将绝缘子吊上并安装在横担上。

（8）拆除传递绳，解开安全带，下杆，工作结束。

（二）杆上安装横担的注意事项

（1）注意横担的安装位置，如图 2-2 所示。直线杆横担应装在受电侧，凡终端、转角、分支杆以及导线张力不平衡处的横担，均应装在张力的反方向。

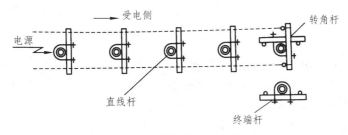

图 2-2　横担安装方向图

（2）安全带不宜拴得过长，也不宜过短。

（3）横担吊上后，应将传递绳整理利落。一般将另一端放在吊横担时身体的另一侧，随横担在一侧上升，传递绳在另一侧下降。

（4）不用的工具切记不要随意搁在横担或杆顶上，以防不慎掉下伤人，应随时放在工具袋内。

（5）地面人员应随时注意杆上人员操作，其他人员应远离作业区下方，以免杆上掉东西砸伤。

思考与练习

1. 组装杆塔时的安全措施有哪些？
2. 10 kV 及以下配电线路横担安装应注意哪些事项？

课题二　杆塔起立

【学习目标】

掌握杆塔起立的常用方法。

【知识点】

（1）杈杆立杆。
（2）固定式抱杆起吊法。
（3）倒落式抱杆整体起立杆塔。
（4）起重机（吊车）立杆。
（5）杆身调整。
（6）杆坑回填。

【技能点】

钢筋混凝土杆常用的立杆方法。

【学习内容】

配电线路口钢筋混凝土杆使用最为广泛。电杆组立过程主要分立杆、杆身调整找正及杆坑回填三个基本步骤。在不增加立杆难度情况下，横担及绝缘子等尽可能在立杆前组装好（组装和立杆过程中要防止磕碰绝缘子），以节省杆上工作时间。

在配电线路施工中，钢筋混凝土杆常用的立杆方法有杈杆立杆、独脚抱杆、固定式人字抱杆、倒落式人字抱杆和汽车吊立杆。

一、杈杆立杆

使用杈杆立杆，一般只限于木杆和 10 m 以下重量较轻的水泥杆。其操作关键是开好马道（马槽），现场统一指挥，集中精力，相互配合，控制好绳索。

（一）杈杆立杆所使用的工具

（1）杈杆。杈杆是由相同细长圆杆组成的，圆杆梢径应不小于 80 mm，根径应不小于 120 mm，长度在 4～6 m 之间，在距顶端 300～350 mm 处用铁线做成长度为 300～350 mm 的链环，将两根圆杆连接起来。在圆杆底部 600 mm 处安装把手（穿入 300 mm 长的螺栓）。

（2）顶板。取长度为 1～1.3 m、宽度为 0.2～0.25 m 的木板作顶板，临时支持电杆。

（3）滑板。取长度为 2.5～3 m、宽度为 250～300 mm 的坚固木板作滑板，其作用是使电杆能顺利滑向杆坑底。

（二）具体立杆方法

（1）电杆梢部两侧各拴直径 25 mm 左右、长度超过电杆长 1.5 倍的棕绳或具有足够强度的麻绳作为侧拉绳，防止电杆在起升过程中左右顷斜，在电杆起升高度不大时，两侧拉绳可移至杈杆对面保持一定角度用人力牵引电杆帮助起升。

（2）电杆根部应尽可能靠近马道坑底部，使起升过程中有一定的坡度而保稳定。

（3）电杆根部移入基坑马道内，顶住滑板。

（4）电杆梢部开始用杠棒缓缓抬起，随即用顶板顶住，可逐步向前交替移动使杆梢逐步升高。

（5）当电杆梢部升至一定高度时，加入一副小杈杆使杈杆、顶板、杠棒合一，交替移动逐步使杆梢升高。到一定高度时再加入另一副较长的杈杆与拉绳合一，用力使电杆再度升起。一般竖立 10 m 水泥杆需 3～4 副杈杆。

（6）当电杆梢部升到一定高度但还未垂直前，左右两侧拉绳移到两侧当作控制拉绳使电杆不向左右倾斜。在电杆垂直时，将一副杈杆移到起立方向对面以防止电杆过牵引倾倒。

（7）电杆竖正后，有两副杈杆相对支撑住电杆，然后检查杆位是否在线路中心，校正后再回填土，分层夯实。

杈杆立杆的现场施工如图 2-3 所示。

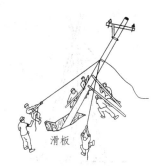

图 2-3　杈杆立杆现场施工图

二、固定式抱杆起吊法

固定式抱杆分为独脚抱杆和固定式人字抱杆两种。

（一）独脚抱杆起吊法

独脚抱杆起吊电杆方法适用于地形较差、场地小的配电线路施工。这种起吊法每次只能起吊中等长度的一根电杆。采用独脚抱杆起吊电杆的示意图如图 2-4 所示，起吊方法如下：

（1）抱杆根部垫一块方木，抱杆立在方木上，以防下沉。

（2）抱杆顶部固定一条互为 90°的拉线，以保持抱杆不倾倒，抱杆向杆坑中心倾斜角不得大于 15°。

（3）被吊电杆顺线路放置，抱杆上部短横木与定滑轮连接，电杆与动滑轮连接，钢丝绳穿过转向滑轮至牵引设备。

布置工作就绪后，利用牵引设备牵动钢丝绳使电杆徐徐起立。起吊滑轮组的提升净高度必大于电杆吊点至杆根的高度，以便使电杆根部能够离开地面。摆放电杆时，电杆的起吊点要处于杆坑附近，最好在起吊滑轮组的正下方。起吊过程中，必要时可在电杆根部加挂临时重物使电杆重心下移，以助起吊。

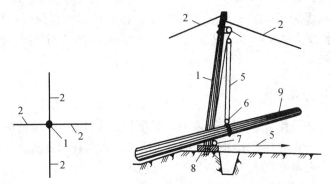

图 2-4　独脚抱杆起吊电杆示意图

1—抱杆；2—固定拉线；3—抱杆上部小横木；4—定滑轮；5—钢丝绳；6—滑轮；
7—转向滑轮；8—方垫木；9—电杆

（二）固定式人字抱杆起吊法

固定式人字抱杆是由两根木杆组成人字形的抱杆，它比单固定式抱杆起吊荷重大，因此当单固定式抱杆起吊强度不够时，可采用固定式人字抱杆起吊电杆。

采用固定式人字抱杆起吊电杆的示意图如图 2-5 所示。固定式人字抱杆起吊电杆的操作程序与单固定式抱杆起吊电杆的程序基本相同。除此以外还应注意下列事项：

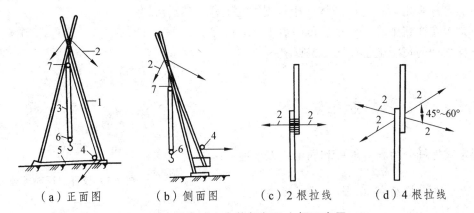

（a）正面图　　　（b）侧面图　　　（c）2根拉线　　　（d）4根拉线

图 2-5　固定式人字抱杆起吊电杆示意图

1—人字抱杆；2—固定抱杆拉线；3—起吊滑轮组；4—转向滑轮；
5—抱杆根部互连钢丝绳；6—动滑轮；7—定滑轮

（1）抱杆的长度一般大于电杆重心高度，一般取重心高度再加上 2 m。

（2）拉线桩锚至电杆坑中心的距离，可取杆高的 1.2～1.5 倍。

（3）起吊 15 m 以上电杆，由于固定吊点仅为一个点，因此，必须在吊点处进行补强，可用铁线绑扎圆木和方木，使加强木和电杆成为一体。加强木的长度约为杆高的 1/2～1/3 即可。

（4）根据起吊电杆的重量，选用滑轮组。当杆重在 500 ~ 1 000 kg 时可选用 1-1 滑轮组牵引；1 000 ~ 1 500 kg 时，可选用 1-2 滑轮组牵引；1 500 ~ 2 000 kg 可选用 2-2 滑轮组牵引。

（5）固定式人字抱杆根开为抱杆高度的 1/3 左右。若两抱杆等长，应在同一水平面上。

（6）当起吊较重电杆时，可在抱杆倾斜的相反方向增设拉线。

（7）地面土质松软时，两抱杆根部应垫方木，以防下沉。

三、倒落式抱杆整体起立杆塔

1. 倒落式抱杆整体起立杆塔时现场布置基本原则

（1）抱杆起动时对地面的夹角，约在 55° ~ 70°。

（2）抱杆失效时对地面的夹角，应以杆塔跟地面的夹角来控制，一般应使杆塔跟地面的夹角不小于 50°。

（3）抱杆的有效长度取杆塔结构重心高度的 0.8 ~ 1.0 倍为宜，通常取抱杆长度为杆塔高度的 1/2。

（4）抱杆根开一般取抱杆长度的 1/3，可视实际情况决定，在起立过程中以杆塔触碰为原则。根开间以钢丝绳联锁。

（5）抱杆根距基坑边（支点）的距离，可取杆塔结构重心高度的 0.2 ~ 0.4 倍。

2. 固定钢丝绳吊点的选择

（1）吊点的数目取决于起吊过程中，杆身所承受的最大弯矩应不超过杆身所容许承受的弯矩。

（2）一般 15 m 及以下或强度较高的杆塔，可以采用单吊点方式起吊，但在经过验算发现杆身强度不能满足要求时，应改为双吊点起立。

（3）吊点的分布位置一般先根据杆塔结构适当分布在主杆与横扫、斜材等连接点或铁塔横隔面及结构接点处，再验算杆塔身强度是否满足要求。同时宜使起动时各固定钢绳的合力线与杆塔交点的高度为结构重心高度的 1.1 ~ 1.5 倍。

3. 临时拉线及地锚的布置

（1）杆塔在起立前，均须预先接好临时拉线（横绳）、单杆每基 4 根，即顺线路方向前后各 1 根，垂直线路方向为左右各 1 根，双杆的顺线路方向为前后各 2 根若为特高重型杆塔，则须对顺线路方向的后横绳（总牵引绳的相反方向临时拉线）适当加强，改为双根钢丝绳或加大钢丝绳的规格。

（2）带拉线杆塔的永久拉线若是垂直线路的十字拉线或其他类型拉线，若可以利用作为立杆塔的临时拉线，以省去添加临时拉线。

（3）临时拉线的地锚位置，距基坑中心应不小于杆塔的高度再加 5 m，若遇地形特殊达不到要求距离时，应设转向滑轮以保证施工人员在倒杆距离以外操作。

（4）制动钢绳的锚桩位置，应选在杆塔延长方向距顶端 3 m 处。双杆根开小于 3 m 时也可合用一只地锚。根开大于 3 m 的杆塔，每支杆身或塔腿分别铺设地锚，并须使制动钢绳与线路中心线平行。

（5）埋设总牵引地锚（总根地锚）的距离为杆塔高度的 1.5 ~ 2 倍。一般在抱杆起动时总牵引钢绳的对地夹角取 12°左右。但对于 15 m 以上的高杆，总牵引地锚的位置则应经过校验来确定。

（6）总牵引地锚中心、人字抱杆中心、杆塔身中心及制动钢绳地锚中心（双杆为两只地锚的中心），此网中心点必须在同一直线上。埋设地铺时必须特别注意对准线路中心线。

（7）各个横绳、制动绳、总牵引绳所用地锚规格、埋深需根据受力情况确定。

4. 竹轮组的选择

根据总牵引绳受力情况来选择适当的滑轮组，选择时要同时考虑牵引钢绳长度是否足够，两滑轮间的牵引距离与杆塔起立过程中牵引距离是否配合，以免发生问题影响施工。

一点起吊 13 ~ 15 m 拔梢水泥单杆现场布置示意图如图 2-6 所示，图中所示尺寸供施工时参考，实际尺寸应按施工设计确定。

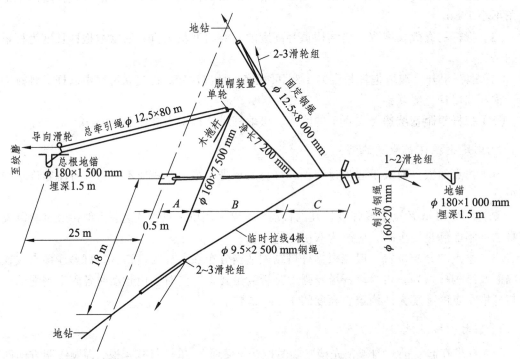

图 2-6　一点起吊 13 ~ 15 m 拔梢水泥单杆现场布置示意图

四、起重机（吊车）立杆

因起重机立杆方法便捷，故绝大部分立杆工作采用起重机立杆。人工立杆法多用于起重机无法到达的地点或山区，或长度较短、质量较轻的电杆。由于人工立杆效率较低，安全性与起重机立杆相比也较低，故人工立杆也应尽量使用各种工机具，以节省人工。要做好立杆前的人员组织、工机具与材料的准备，安全措施必须到位。起吊不同的杆型都应进行强度计算校验和试吊。在立杆过程中操作人员应听从工作负责人的统一指挥，要防止电杆倒杆，特别防止发生向牵引方向的倒杆事故。

起重机起吊法立钢电杆时，宜采用高强度尼龙绳作套与钢电杆勒紧接触，不宜用图 2-6 所示点起吊 13～15 m 拔梢水泥单杆现场布置示意图中钢丝绳与钢电杆直接接触。吊点应有防滑措施。起吊套接式钢杆时，为防止起吊过程中突然从套接处脱开，在吊点以下接头应采用防脱出的措施，以保证安全。

下面介绍起重机（吊车）起立混凝土电杆的主要操作步骤。

（一）立杆前准备工作

（1）检查杆坑深度。

（2）电杆运至坑位，使电杆重心在立杆位置。

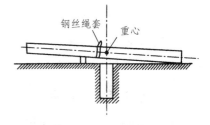

（二）挂好钢丝绳套

钢丝绳套位于电杆重心略偏向杆梢处，如图 2-7 所示。

图 2-7　挂钢丝绳套位置示意图

（三）吊车就位

（1）吊钩与杆坑成一直线。

（2）吊车停稳后，放下两侧支脚接触地面以增加支撑，如遇砂地或软土等应垫木桩以加大接触面。

（3）如在斜坡上立杆，吊车应在上坡方向停稳，前后轮应有安全止挡装置。

（4）将杆身上钢丝绳套挂到吊钩上，如图 2-8 所示。

（四）起吊电杆

（1）工作负责人在可全面监视现场位置并在吊臂车操作司机视线内指挥。

（2）司机操作吊臂吊起电杆。

（3）由两人扶持电杆根部，以免电杆吊起时摇摆。

（4）起吊时宜缓慢平稳，使电杆完全离地，如图 2-9 所示。

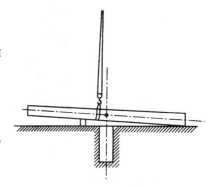

（五）电杆缓慢放下竖立于电杆坑孔

（1）两人扶持电杆根部，对准电杆坑。

（2）缓缓放下电杆使之立入坑内。

（3）操作吊臂使电杆直立在坑内，如图 2-10 所示。

图 2-8　吊钩位置示意图

图 2-9　起吊电杆示意图

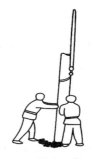

图 2-10　竖立电杆示意图

（六）填土夯实

（1）填土夯实。

（2）如需要则装设卡盘。

（3）再填土夯实，如图 2-11 所示。

（七）拆除电杆挂钩及绳套

（1）操作吊臂放松挂钩、绳套。

（2）拆除挂钩、绳套。

（3）收吊臂。

（八）电杆方向校正

（1）如电杆预先装设横担，立杆后可利用转杆器（木棒及套索）转动电杆，使电杆位置满足要求，如图 2-12 所示。

（2）清理现场，进行下步工序。

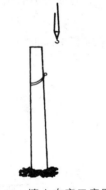

图 2-11　填土夯实示意图

图 2-12　电杆方向校正示意图

五、杆身调整

立杆完成后检查电杆的倾斜情况，超偏差应进行正杆或杆身调整工作。

（一）倾斜电杆校正方法

1. 上杆绑扎晃绳

晃绳绑扎在横担下方约 200 mm 处。

2. 在倾斜电杆的反向边挖坑

坑深 0.5～0.6 m，但需视土质、埋深及倾斜程度而适当加深，如图 2-13 所示。

3. 拉动晃绳将电杆拉正

（1）一部分人员在电杆倾斜的反向拉动晃绳，另一人用大铲或槽铁在相对面的电杆根部撬动、夯实。

（2）拉动时所有操作人员须听从现场指挥人员指挥，电杆校正后不松晃绳，直到杆根土壤夯实后缓缓放开晃绳，如图 2-14 所示。

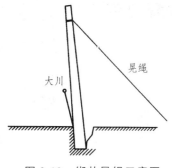
图 2-13　绑扎晃绳示意图

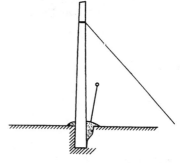
图 2-14　电杆拉正示意图

4. 回　填

将电杆反向边新挖的坑回填夯实。

5. 上杆解晃绳

上杆解开晃绳，收拾工具清理现场。

（二）杆身倾斜校正标准

电杆立好后应正直，位置偏差应符合下列规定（含加底盘）：

（1）直线杆的横向位移不应大于 50 m，杆梢位移不应大于杆梢直径的 1/2。

（2）转角杆应向外角预偏，导线紧好后电杆不应向内角倾斜。向外角的倾斜不应使杆梢位移大于杆梢直径。

（3）终端杆应向拉线侧预偏，导线紧好后电杆不应向导线侧倾斜。电杆向拉线侧倾斜时，杆梢位移不得大于杆梢直径。

六、杆坑回填

回填工作完成之前临时拉线或吊索不要拆除，以免发生危险。

对交通繁忙路口有可能被车撞击山坡或河边有可能被水冲刷的电杆，根据现场情况采取安装防护标志、护桩或护台。工程移交时，10 kV 线路电杆上应悬挂或喷涂线路名称、杆号等标志。

思考与练习

1. 如何进行权杆立杆？

2. 如何进行起重机（吊车）立杆？

课题三　拉线的安装要求

【学习目标】

掌握拉线的组成及安装要求。

【知识点】

（1）拉线的作用和分类。

（2）拉线的经济夹角。

（3）拉线组成与安装要求。

（4）35 kV 及以下架空线路拉线安装施工及验收规范。

【技能点】

拉线安装要求。

【学习内容】

一、拉线作用和种类

（一）拉线作用

拉线的作用是为平衡导线的张力，并保证电杆的稳定性。在拉线的作用下可以减少制造电杆材料的耗材，降低建设线路的造价。

在直线区段上耐张杆在顺线路方向的承力拉线，主要作用是在施工时紧线和发生断线事故时起平衡导线张力；而丁字杆、转角杆与终端杆顺线路方向的承力拉线的作用是保持杆基始终垂直于地面，使全耐张段的导线垂度稳定。

拉线在线路施工过程中是保障施工人员安全的生命线，拉线在线路投入运行后是保障线路安命运行的重要保证。

（二）拉线种类

1. 承力拉线

承力拉线又称为死头拉线或终端拉线，用在线路的起始杆、终端杆及丁字杆线路的延长线上。图 2-15 所示为拉线示意图，图 2-16 所示为承力拉线示意图。

2. 人字拉线

人字拉线又称为防风拉线。在土质松软地质（如水田）中，为防止电杆在风力作用下倾斜，应每隔 5 基电杆加 1 基人字拉线。拉线角度 45°，拉线用 GJ-25，拉线盘用 300 mm×500 mm。人字拉线应与线路方向垂直。

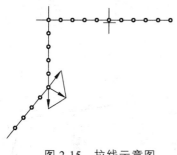

图 2-15　拉线示意图

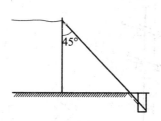

图 2-16　承力拉线示意图

3. 四方拉线

线路的基础设施简单，杆塔在地面处的弯距达不到导线截面强度的要求，用四方拉线来保证线路安全运行。在郊外的中压线路，在耐张及重要交叉跨越的单杆上，均应设四方拉线。

4. 角度拉线

角度拉线又称为分角合力拉线，应与线路分角线对正。

5. 自身拉线

自身拉线一般在导线张力较小和打承力拉线有困难时使用，如图 2-17 所示。

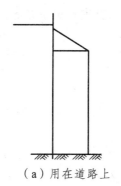
（a）用在道路上

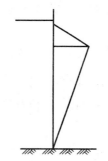
（b）用在无法处理拉线盘的地方

图 2-17　自身拉线

6. 撑　杆

在设置自身拉线有困难时，可用撑杆替代，如图 2-18 所示。

7. 水平拉线

在城镇道路转弯处的终端杆或转角杆，不能在道路上设置承力拉线时，可用跨越道路的水平拉线，如图 2-19 所示。

自身拉线、撑杆、水平拉线一般较多用在导线截面小的线路上，在大导线截面上，一般用钢电杆取代。

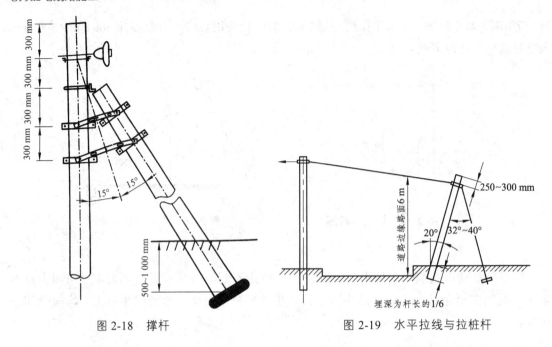

图 2-18　撑杆　　　　　　　　　图 2-19　水平拉线与拉桩杆

二、拉线的经济夹角

如果拉线与电杆的夹角太大，则拉线受力小，占地面积大，所用拉线长，并且安全性降低（易受外力影响，如机动车的剐蹭）；如果拉线与电杆的夹角太小，则拉线受力大，占地面积小，所用拉线短一些，但其截面要增大。拉线受力与其夹角关系如下

$$T = \frac{P}{\sin\theta} \tag{2-1}$$

式中　T——拉线受力，单位符号为 N；

　　　P——导线水平荷载，单位符号为 N；

　　　O——拉线与电杆夹角。

由式（2-1）可以看出，拉线与电杆之间的夹角较大时，拉线受力 T 然则小些，反之其值将增大。夹角 θ 值的大小是决定拉线长度及受力大小的关键因素（拉线受力的大小决定拉线棒的直径与长度、拉线盘尺寸的大小及其埋深）。当 θ 值在某个特定值时，拉线消耗材料最少，这个 θ 值称为经济夹角。

一般情况下，电杆与拉线的夹角为 45° 时，拉线消耗材料最少，是拉线的经济夹角。

三、拉线组成与安装

（一）拉线组成

拉线是由扁铁抱箍、拉线板、钢绞线、拉紧绝缘子、拉线棒、楔形线夹、UT 线夹、拉线盘等主要器材组成，如图 2-20 所示。

1. 拉线材料

拉线主要采用钢绞线（GJ 型钢绞线或聚乙烯绝缘镀锌钢绞线）制成。

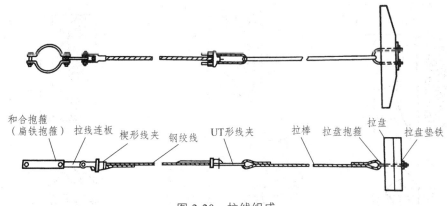

图 2-20 拉线组成

2. 拉线截面

拉线的截面应按导线截面与条数、导线安全系数、拉线角度进行选择，拉线的安全系数最小规格应符合表 2-3 的要求。

表 2-3 拉线的安全系数及最小规格

拉线材料	镀锌钢绞线	镀锌铁线	拉线材料	镀锌钢绞线	镀锌铁线
强度安全系数	≥2.0	≥2.5	最小规格	25 mm²	3×4.0 mm

3. 拉线连板

拉线连板用于连接在拉线抱箍与楔形线头之间，长度为 10 mm，最大抗拉强度为 60 kN，安全系数为 2，即可拉 30 kN，应配用 GJ-50 钢绞线。在使 GJ-70 及以上钢绞线时，则应配两块拉线连板，不可用曲型拉板替代。

4. 拉紧绝缘子（圆磁）

拉紧绝缘子是防止上把有电时传到下把而发生电伤人的事故，图 2-21 所示。其技术参数如表 2-4 所示。

表 2-4 拉紧绝缘子技术参数

型　号	工频耐压（不小于，kV）		机械破坏负荷（kN）	质量（kg）
	干闪络	湿闪络		
J-20	6	2.8	20	0.2
J-45	20	10	45	1.1
J-54	25	12	54	—
J-70	—	15	70	—
J-90	30	20	90	2.0
J-160	—	—	160	

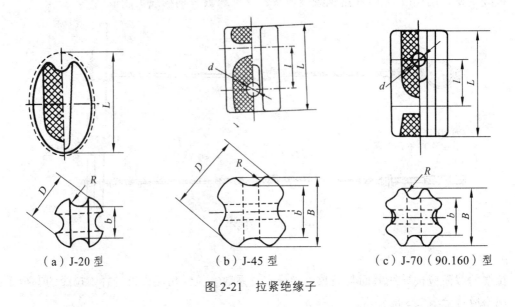

（a）J-20 型　　　　　（b）J-45 型　　　　　（c）J-70（90.160）型

图 2-21　拉紧绝缘子

拉紧绝缘子一般情况下不用悬式绝缘子替代，因为悬式绝缘子的机械试验负荷较小。

5. 拉线用楔形线头、UT 形线夹

拉线用楔形线夹如图 2-22 所示，拉线用 UT 形线夹如图 2-23 所示。楔形线夹、UT 形线夹与钢绞线配置如表 2-5 所示。

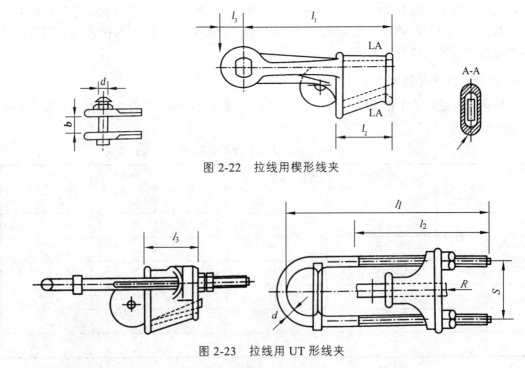

图 2-22　拉线用楔形线夹

图 2-23　拉线用 UT 形线夹

表 2-5　楔形线夹、UT 形线夹与钢绞线配置

线　夹　型　号		适用于钢绞线 （mm^2）	适用于绝缘钢绞线 （mm^2）
楔形线夹	UT 形线夹		
LX-1	NUT-1	GJ-25、GJ-35	
LX-2	NUT-2	GJ-50、GJ-70	YGJ-35～50
LX-3	NUT-3	GJ-95、GJ-120	YGJ-70
LX-4	NUT-4	GJ-135、GJ-150	YGJ-95

6. 拉线棒、拉线盘

拉线棒应与拉线盘配套使用。

（二）拉线安装

1. 拉线通常采用镀锌钢绞线或绝缘钢绞线

根据拉线安装地点、安全性、维护便利、拉线截面积及造价等要求，可选择以下元件组合制作方式：

（1）楔形线夹 + 镀锌钢绞线 + 楔形 UT 线夹。

（2）楔形线夹 + 黑色耐候聚乙烯绝缘钢绞线 + 楔形 UT 线夹。

（3）预绞丝心形环 + 预绞式耐张线夹 + 镀锌钢绞线 + 预绞式耐张线夹 + 拉线绝缘子 + 预绞式耐张线夹 + 镀锌钢绞线 + 楔形 UT 线夹。

（4）楔形线夹 + 镀锌钢绞线 + 钢线卡子 + 拉线绝缘子 + 钢线卡子 + 镀锌钢绞线 + 楔形 UT 线夹。

（5）心形环 + 绑缠 + 镀锌钢绞线 + 绑缠 + 心形环。

2. 楔形线头和楔形 UT 线夹安装

拉线楔形线夹、楔形 UT 线夹、钢绞线及绝缘钢绞线按设计要求配置。钢绞线拉线制作步骤如下：

（1）做上把。确定钢绞线与点，然后打弯穿入楔形线夹，钢绞线与线夹舌板接触紧密，尾线在线夹凸肚侧，离出线夹 200 mm，用直径 2 mm 镀锌铁线与主拉线绑扎 20 mm，如图 2-24 所示，登杆将上把与拉线抱箍组装。拉线抱箍一般安装在横担下方，紧靠横担，如图 2-25 所示。

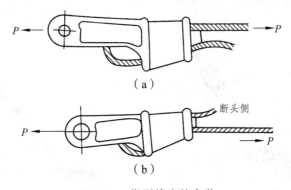

（a）

（b）

图 2-24　楔形线夹的安装

（2）固定紧线器。紧线器固定在钢绞线上，留出紧线余量，剪断钢绞线前应用田铁线绑扎端头，避免散股，如图 2-26 所示。

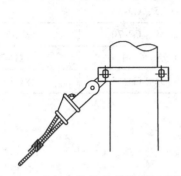

图 2-25　上把与拉线抱箍组装示意图

图 2-26　固定紧线器示意图

（3）紧线。操作紧线器紧线，安装前楔形 UT 线夹丝扣上应涂润滑剂，如图 2-27 所示。

（4）做下把。拉线下端穿入楔形 UT 线头，要求同上把制作，拉线回弯部分不应有明显松脱，不应损伤线股。拉线紧好后，楔形 UT 线夹的螺杆丝扣外露长度 20～30 mm。双螺母应拧紧并接触，并应使杆梢预偏，如图 2-28 所示。

图 2-27　紧线示意图

图 2-28　安装护管示意图

（5）绑缠回头。楔形 UT 线夹处拉线尾线应露出线夹 300～500 mm。用直径 2 mm 镀锌铁线与主拉线绑扎 40 mm，如图 2-29 所示。

（6）安装护管。安装护管，清理现场对人口稠密地区人行道、交通路口、停车场等车辆人员通行场所的拉线应加反光防护管，如图 2-30 所示。

图 2-29　绑缠回头示意图

图 2-30　安装护管示意图

（三）拉紧绝缘子及钢线卡子安装

（1）镀锌钢绞线与拉线绝缘子、钢线卡子配套安装如表2-6所示。

表2-6　镀锌钢绞线与拉紧绝缘子、钢线卡子配套安装

拉线型号	拉紧绝缘子型号	钢线卡子型号	拉紧绝缘子每侧安装钢卡数量（只）
GJ-25～35	J-45	JK-1	3
GJ-50	J-54	JK-2	4
GJ-70	J-70		
GJ-95～120	J-90	JK-3	5

（2）离拉紧绝缘子最远一个（第一个）钢线卡子是为保障拉线的主线不因钢线卡受伤而降低钢绞线的强度，钢线卡子的U形环应压在尾线侧，如图2-31（a）和图2-32所示。卡子间距为150 mm，一正一反交替安装。钢线卡子一般是奇数，即3、5、7……个。在特殊需要是偶数时，如用2个钢线扣子，则应按图2-31（b）安装。

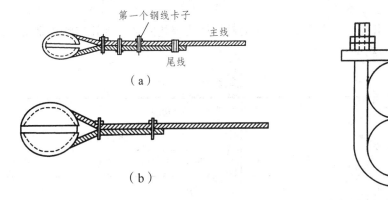

图2-31　用钢线卡子制作钢绞线拉线图　　　图2-32　第一个钢线卡子位置图

（3）装设拉紧绝缘子的混凝土电杆的拉线，在断拉线情况下，拉线绝缘子距地不应小于2.5 m。在拉线穿越带电导线时，应在穿越导线的拉线上，在导线上、下各装设一个拉紧绝缘子。拉紧绝缘子规格如表2-4和图2-21所示。

四、35 kV 及以下架空线路拉线安装施工及验收规范

（1）拉线盘的埋设深度和方向应符合设计要求。拉线棒与拉线盘应垂直，连接处应采用双螺母，其外露地面部分的长度应为500～700 mm。

拉线坑应有斜坡，回填土时应将土块打碎后夯实。拉线坑宜设防沉层。

（2）拉线安装应符合的规定。

① 安装后对地平面夹角与设计时的允许偏差，应符合下列规定：

a. 35 kV架空电力线路不应大于1°。

b. 10 kV 及以下架空电力线路不应大于 3°。

c. 特殊地段应符合设计要求。

② 承力拉线应与线路方向的中心线对正，分角拉线应与线路分角线方向对正，防风拉线应与线路方向垂直。

③ 跨越道路的拉线应满足设计要求，且对通车路面边缘的垂直距离不应小于 5 m。

④ 当采用 UT 形线头及楔形线夹固定安装时，应符合下列规定：

a. 安装前丝扣上应涂润滑剂。

b. 线夹舌板与拉线接触应紧密，受力后无滑动现象，线夹凸肚在尾线侧、安装时不应损伤线股。

c. 拉线弯曲部分不应有明显松股，拉线断头处与拉线主线应固定可靠，线夹处露出的尾线长度为 300 ~ 500 mm，尾线回头后与本线应扎牢。

d. 当同一组拉线使用双线夹并采用连板时，其尾线端的方向应统一。

e. UT 形线头或花篮螺栓的螺杆应露扣，并应有不小于 1/2 螺杆丝扣长度可供调紧，调整后 UT 形线头的双螺母应并紧，花篮螺栓应封固。

⑤ 当采用绑扎固定安装时，应符合下列规定：

a. 拉线两端应设置心形环。

b. 钢绞线拉线应采用直径不大于 3.2 mm 的镀锌铁线绑扎固定，绑扎应整齐紧密。最小缠绕长度应符合表 2-7 的规定。

表 2-7　最小缠绕长度

钢绞线截面（mm²）	最小缠绕长度（mm）				
	上端	中段有绝缘子的两端	与拉线棒连接处		
			下缠	花缠	上缠
25	200	200	150	250	80
35	250	250	200	250	80
50	300	300	250	250	80

（3）拉线柱拉线的安装应符合的规定。

① 拉线柱的埋设深度，当设计无要求时，应符合下列规定：

a. 采用坠线的，不应小于拉线柱长的 1/6。

b. 采用无坠线的，应按其受力情况确定。

② 拉线柱应向张力反方向倾斜 10° ~ 20°。

③ 坠线与拉线柱夹角不应小于 30°。

④ 坠线上端固定点的位置距拉线柱顶端的距离应为 250 mm。

⑤ 坠线采用镀锌铁线绑扎固定时，最小缠绕长度应符合表 2-7 的规定。

（4）当一基电杆上装设多条拉线时，各条拉线的受力应一致。

（5）采用镀锌铁线合股组成的拉线，其股数不应少于三股。镀锌铁线的单股直径不应小于 40 mm，绞合应均匀，受力相等，不应出现抽筋现象。

（6）合股组成的镀锌铁线的拉线，可采用直径不小于 3.2 mm 镀锌铁线绑扎固定，绑扎应整齐紧密，缠绕长度 5 股及以下者，上端 200 mm；中端有绝缘子的两端，200 mm；下缠 150 mm，花缠 250 mm，上缠 100 mm。

当合股组成的镀锌铁线拉线采用自身缠绕固定时，缠绕应整齐紧密，缠绕长度 3 股线不应小于 80 mm，5 股线不应小于 150 mm。

（7）混凝土电杆的拉线装设绝缘子时，在断拉线情况下，拉线绝缘了距地面不小于 2.5 m。

（8）顶（撑）杆的安装，应符合下列规定：

① 顶杆底部埋深不宜小于 0.5 m，且设有防沉措施。

② 与主杆之间夹角应满足设计要求，允许偏差为 ±5°。

③ 与主杆连接应紧密、牢固。

思考与练习

一、判断题

判断下列描述是否正确。对的在括号内画"√"，错的在括号内画"×"。

1. 如果拉线与电杆的夹角太大，则拉线受力小，占地面积大，线变长，而且安全性降低。（　　）

2. 如果拉线与电杆的夹角太小，则拉线受力也小。（　　）

二、问答题

1. 拉线如何分类？分别说明各种拉线的特点和用途。

2. 拉线的组成元件有哪些？

课题四　绝缘导线的架设

【任务描述】

为配电线路演练场架设绝缘导线三相，导线水平排列。

【学习目标】

（1）理解导线的作用，绝缘导线的类型、结构和优点；理解团队协作的重要性。

（2）会搜集绝缘导线架设方面的资料。

（3）能编制出最佳的（省工、省料、误差小）施工工序，能举一反三。

（4）能够正确使用架线的工器具。

（5）能按规程要求进行放线操作，达到规范要求的质量标准。

（6）知道导线架设组织措施、安全措施、技术措施和劳动保护措施。

（7）养成安全的规范操作习惯和良好的沟通习惯。

【学习内容】

一、基础知识

架空绝缘配电线路是指导线用耐候型绝缘材料作为外包绝缘，在户外架空敷设的配电线路。

（一）架空绝缘导线的作用及常用材料

1. 架空绝缘导线的作用

导线是架空线路的主要组成部分，它担负着传递电能的作用；绝缘层可减少线路相间距离，降低对线路支持件的绝缘要求，提高同杆线路回路数，还可以防止外物引起的相间短路。

2. 架空绝缘导线的材料

1）线芯

架空绝缘导线有铜芯、铝及铝合金芯。在配电线路中，铝芯绝缘导线应用比较多，主要是铝材比较轻，而且较便宜，对线路连接件和支持件的要求低，加上原有的配电线以钢芯铝绞线为主，选用铝心线便于与原有网络的连接。

2）绝缘材料

架空绝缘导线的绝缘保护层有厚绝缘（3.4 mm）和薄绝缘（2.5 mm）两种。厚绝缘允许与树木频繁接触，薄绝缘的只允许与树木短时接触。

常用的绝缘材料有耐候型聚氯乙烯（PVC）、聚乙烯（PE）或交联聚乙烯（XLPE）等。其中，以黑色耐候型交联聚乙烯应用最为普遍。

中压架空绝缘线路，主要采用铝芯黑色耐候型交联聚乙烯绝缘线 JKLYJ。

（二）绝缘导线的类型和结构

绝缘导线在结构分为单芯、三芯（或多芯）互绞成束的两种，后者也称作架空成束导线（ABC 系统）。按电压等级分，以低压线（1 kV 及以下的）、中压线（10～20 kV）应用最普遍。

1. 低压线

各国发展的 ABC 系统（低压或高压导线互绞在一起，成束架设）主要有以下两种类型：

1）中性线承载式

基本结构为相线采用铝导线，中性线采用铝合金线作为整体的承载索。

2）整体承载式

相线与中性线采用相同截面铝导线，共同承担架设时的张力。目前，多用整体承载式。

ABC 系统的特点是线芯都是紧压型，绝缘都为交联聚乙烯，各相导线绝缘层表面都用不同数量的径向突条作为相色辨别标志。

2. 中压线

中压绝缘导线 ABC 系统的三个线芯是互绞在一起的，所以需要有绝缘屏蔽层，绝缘屏蔽层使导线终端及支接头结构变得比较复杂。因此，中压绝缘配电线路一般采用分相架设方式。

1）分相架设

单根导线由绞合形成紧压的铝或铝合金线芯、半导体屏蔽层和黑色耐候型交联聚乙烯三部分组成。

2）紧凑型架空绝缘线路

三相导线固定在按一定间隔配置的分隔器上，其顶端挂于承力索上，承力索在每一电杆都应接地。这种装置形式使导线的间距更为压缩，而接地的承力索又可改善线路的防雷性能。

以上两种的优点是：各类接头和端部都非常简单，一般只要做到防水和绝缘即可。

3）中压ABC系统

中压ABC系统的架空绝缘导线分为金属屏蔽型和非金属屏蔽型。

中压架空绝缘导线的架设方式，既可以吊在钢索上成束架设，也可以如传统的裸导线方式架设。但目前多采用分相架设方式。

10 kV 架空绝缘线路，其绝缘线主要采用交联聚乙烯绝缘。其中有两种型号：一种是铜芯交联聚乙烯绝缘线 XLPE 线；另一种是铝芯交联聚乙烯绝缘线 XPE 线。

10 kV 架空分相绝缘导线的结构由绞合圆形紧压线芯、半导体屏蔽层和黑色交联聚乙烯三部分组成。

（三）导线的排列

分相架设的中压绝缘线三角排列、水平排列、垂直排列均可，中压绝缘线路可单回路架设，也可多回路同杆架设，如图 2-33 所示。

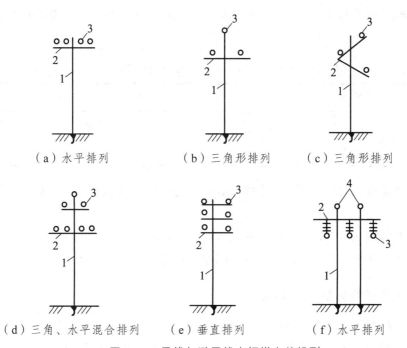

| （a）水平排列　　（b）三角形排列　　（c）三角形排列

（d）三角、水平混合排列　　（e）垂直排列　　（f）水平排列

图 2-33　导线与避雷线在杆塔上的排列

1—电杆；2—横担；3—导线；4—避雷线

集束型低压架空绝缘电线宜采用专用金具固定在电杆或墙壁上，分相敷设的低压绝缘线宜采用水平排列或垂直排列。

城市中低压架空绝缘线路在同一地区同杆架设，应是同一区段电源。

分相架设的低压绝缘线排列应统一，零线宜靠电杆或建筑物，并应有标志，同一回路的零线不宜高于相线。

低压路灯绝缘线在电杆上不应高于其他相线或零线。

沿建筑物架设的低压绝缘线，支持点间的距离不宜大于 6 m。

中、低压架空绝缘线路的档距不宜大于 50 m，中压耐张段的长度不宜大于 1 km。

中压架空绝缘配电线路的线间距离应不小于 0.4 m，采用绝缘支架紧凑型架设不应小于 0.25 m。

中、低压绝缘线路同杆架设时，横担之间的最小垂直距离和导线支承点间的最小水平距离如表 2-8 所示。

表 2-8　绝缘线路同杆架设时横担间最小垂直距离和导线支承点间最小水平距离

类　　别	最小垂直距离（m）	最小水平距离（m）
中压与中压	0.5	0.5
中压与低压	1.0	—
低压与低压	0.3	0.3

中压架空绝缘电线与 35 kV 及以上线路同杆架设时，两线路导线间的最小垂直距离如表 2-9 所示。

表 2-9　中压架空绝缘电线与 35 kV 及以上线路同杆架设时的最小垂直距离

电 压 等 级	最小垂直距离（m）
35 kV	2.0
60～110 kV	3.0

中压架空绝缘线路的过引线、引下线与邻相的过引线、引下线及低压线路的净空距离不应小于 0.2 m。

中压架空绝缘电线与电杆、拉线或构架间的净空距离不应小于 0.2 m。

低压架空绝缘导线与电杆、拉线或构架的净空距离不应小于 0.05 m。

（四）架空绝缘线的敷设金具及附件

架空绝缘线的敷设一般有直线杆、转角杆和终端杆三种。其金具分悬挂金具、连接金具和终端金具。悬挂金具主要承受绝缘线的重量；连接金具用于线路中间承接和分支；终端金具主要承受绝缘导线张力。

二、绝缘导线架设前的准备

（一）人员分工

表 2-10　人员分工

序号	项目	人数	备注
1	工作负责人	1	
2	操作	9	

（二）所需工机具

表 2-11　工机具清单

序号	名称	规格	单位	数量	备注
1	断线钳	大号	把	1	
2	卷尺	50 m	把	1	
3	吊绳	$\phi 12$，$L = 10$ m	根	3	
4	脚扣		副	3	
5	开口塑料滑轮 （或套有橡胶护套的开口铝滑轮）		套	1	$\phi_{滑轮} \geq 12\phi_{导线}$
6	绝缘导线剥线钳	JKLYJ-10-50	把	1	
7	网套（或面接触的卡线器）		套	1	
8	绞磨（或卷扬机）		台	1	
9	牵引绳		根	1	紧线用
10	滑车组		套	1	
11	弛度板		套	2	
12	2 500 V 兆欧表		套	1	

注：开口塑料滑轮直径不应小于绝缘线外径的 12 倍，槽深不小于绝缘线外径的 1.25 倍，槽底部半径不小于
　　0.75 倍绝缘线外径，轮槽槽倾角为 15°。

（三）所需材料

表 2-12　材料清单

序号	名称	规格	单位	数量	备注
1	绝缘导线	JKLYJ-10-50	m	150	
2	绝缘线耐张线夹	50 型导线用	个		
3	低压针式绝缘子		个	3	
4	绝缘自粘带		卷	1	
5	塑料铜线	直径不少于 2.5 mm	卷	1	
6	绝缘护罩	JKLYJ-10-50 线端头用	个	6	
7	悬式绝缘子		片	12	

三、绝缘导线架设

（一）放　线

1. 放线程序及要求

选择气候干燥、无大风、气温正常的晴好天气放线。

（1）放线前后用 2 500 V 兆欧表摇测绝缘导线的绝缘电阻，判断绝缘电阻是否达标、绝缘层是否损伤。

（2）清理路径，消除障碍；清点和检查工具；选择适当地点架设线轴架。

（3）在绝缘导线的牵引端安装牵引网套。

（4）在横担上安装开口塑料滑轮或套有橡胶护套的开口铝滑轮。

（5）一边放线一边逐档将导线吊放在滑轮内前进。

注意：在放线的过程中，放线速度要均匀，应力求使导线在展放过程中不发生磨损、凸肚、硬弯等。

2. 放线的安全要求

（1）放线轴应设专人操作控制放线速度，防止导线跑偏、松脱，并检查导线外观质量。

（2）在交叉跨越处及每隔三基杆的下方设信号人员监视放线情况。如发现导线跳槽、放线滑轮转动不灵活、导线绝缘磨损等现象，应立即发出信号停止放线。

（3）绝缘线不得在地面、杆塔、横担、瓷瓶或其他物体上拖拉，以防损伤绝缘层。

架设绝缘线宜在进行。

（二）绝缘导线的连接和绝缘处理

1. 绝缘线连接的一般要求

（1）绝缘线的连接不允许缠绕，应采用专用的线夹、接续管连接。

（2）不同金属、不同规格、不同绞向的绝缘线，无承力线的集束线严禁在档内做承力连接。

（3）在一个档距内，分相架设的绝缘线每根只允许有一个承力接头，接头距导线固定点的距离不应小于 0.5 m，低压集束绝缘线非承力接头应相互错开，各接头端距不小于 0.2 m。

（4）铜芯绝缘线与铝芯或铝合金芯绝缘线连接时，应采取铜铝过渡连接。

（5）剥离绝缘层、半导体层应使用专用切削工具，切口处绝缘层与线芯宜有 45°倒角，不得损伤导线。

（6）绝缘线连接后必须进行绝缘处理。绝缘线的全部端头、接头都要进行绝缘护封，不得有导线、接头裸露，防止进水。

（7）中压绝缘线接头必须进行屏蔽处理。

2. 绝缘线接头相应规定

（1）线夹、接续管的型号与导线规格相匹配。

（2）压缩连接接头的电阻不应大于等长导线电阻的 1.2 倍，机械连接接头的电阻不应大于等长导线电阻的 2.5 倍，档距内压缩接头的机械强度不应小于导体计算拉断力的 90%。

（3）导线接头应紧密、牢靠、造型美观，不应有重叠、弯曲、裂纹及凹凸现象。

3. 承力接头的连接和绝缘处理

承力接头的连接采用钳压法、液压法施工，在接头处安装辐射交联热收缩管护套或预扩张冷缩绝缘套管（统称绝缘护套），其绝缘处理如图 2-34～图 2-36 所示。

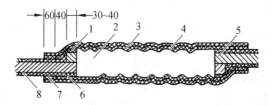

图 2-34 承力接头钳压连接绝缘处理示意图

1—绝缘粘带；2—钳压管；3—内层绝缘护套；4—外层绝缘护套；
5—导线；6—绝缘层倒角；7—热熔胶；8—绝缘层

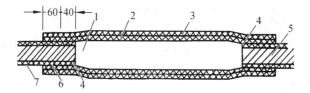

图 2-35 承力接头铝绞线液压连接绝缘处理示意图

1—液压管；2—内层绝缘护套；3—外层绝缘护套；4—绝缘层倒角，绝缘粘带；
5—导线；6—热熔胶；7—绝缘层

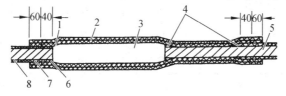

图 2-36 承力接头钢芯铝绞线液压连接绝缘处理示意图

1—内层绝缘护套；2—外层绝缘护套；3—液压管；4—绝缘粘带；5—导线；
6—绝缘层倒角，绝缘粘带；7—热熔胶；8—绝缘层

绝缘护套管径一般应为被处理部位接续管的 1.5～2.0 倍。中压绝缘线使用内外两层绝缘护套进行绝缘处理，低压绝缘线使用一层绝缘护套进行绝缘处理。

有导体屏蔽层的绝缘线的承力接头，应在接续管外面先缠绕一层半导体自粘带和绝缘线的半导体层连接后再进行绝缘处理。每圈半导体自粘带间搭压带宽的 1/2。

1）钳压法施工

（1）将钳压管的喇叭口锯掉并处理平滑。

（2）剥去接头处的绝缘层、半导体层，剥离长度比钳压接续管长 60～80 mm。线芯端头用绑线扎紧，锯齐导线。

（3）将接续管、线芯清洗并涂导电膏。

（4）按表 2-13 所示规定的压口部位、压口尺寸、压口数和图 2-37 所示的压接顺序压接，压接后按钳压标准矫直钳压接续管。

表 2-13　导线钳压口尺寸和压口数

导线型号		钳压部位尺寸			压口尺寸 D mm	压口数
		a_1 mm	a_2 mm	a_3 mm		
钢芯铝绞线	LGJ-16	28	14	28	12.5	12
	LGJ-25	32	15	31	14.5	14
	LGJ-35	34	42.5	93.5	17.5	14
	LGJ-50	38	48.5	105.5	20.5	16
	LGJ-70	46	54.5	123.5	25.5	16
	LGJ-95	54	61.5	142.5	29.5	20
	LGJ-120	62	67.5	160.5	33.5	24
	LGJ-150	64	70	166	36.5	24
	LGJ-185	66	74.5	173.5	39.5	26
铝绞线	LJ-16	28	20	34	10.5	6
	LJ-25	32	20	35	12.5	6
	LJ-35	36	25	43	14.0	6
	LJ-50	40	25	45	16.5	8
	LJ-70	44	28	50	19.5	8
	LJ-95	48	32	56	23.0	10
	LJ-120	52	33	59	26.0	10
	LJ-150	56	34	62	30.0	10
	LJ-185	60	35	65	33.5	10
铜绞线	TJ-16	28	14	28	10.5	6
	TJ-25	32	16	32	12.0	6
	TJ-35	36	18	36	14.5	6
	TJ-50	40	20	40	17.5	8
	TJ-70	44	22	44	20.5	8
	TJ-95	48	24	48	24.0	10
	TJ-120	52	26	52	27.5	10
	TJ-150	56	28	56	31.5	10

注：压接后尺寸的允许误差铜钳压管为 ±0.5 mm，铝钳压管为 ±1.0 mm。

（5）将需进行绝缘处理的部位清洗干净，在钳压管两端口至绝缘层倒角间用绝缘自粘带缠绕成均匀弧形，然后进行绝缘处理。

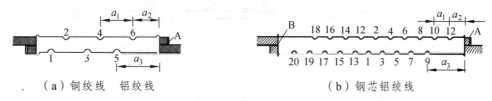

（a）铜绞线 铝绞线 　　　　　　（b）钢芯铝绞线

图 2-37　导线钳压示意图

A—绑线；B—垫片；数字 1、2、3、…—压接顺序

2）液压法施工

（1）剥去接头处的绝缘层、半导体层，线芯端头用绑线扎紧，锯齐导线，线芯切割平面与线芯轴线垂直。

（2）铝绞线接头处的绝缘层、半导体层的剥离长度，每根绝缘线比铝接续管的 1/2 长 20 ~ 30 mm。

（3）钢芯铝绞线接头处的绝缘层、半导体层的剥离长度，当钢芯对接时，其一根绝缘线比铝接续管的 1/2 长 20 ~ 30 mm，另一根绝缘线比钢接续管的 1/2 和铝接续管的长度之和长 40 ~ 60 mm；当钢芯搭接时，其一根绝缘线比钢接续管和铝接续管长度之和的 1/2 长 20 ~ 30 mm，另一根绝缘线比钢接续管和铝接续管的长度之和长 40 ~ 60 mm。

（4）将接续管、线芯清洗并涂导电膏。

（5）按图 2-38 ~ 图 2-41 所示导线液压顺序压接。

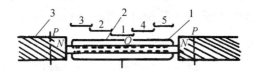

图 2-38　钢芯铝绞线钢芯对接式钢管的施压顺序

1—钢芯；2—钢管；3—铝线

图 2-39　钢芯铝绞线钢芯对接式铝管的施压顺序

1—钢芯；2—已压钢管；3—铝线；4—铝管

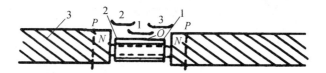

图 2-40　钢芯铝绞线钢芯搭接式钢管的施压顺序

1—钢芯；2—钢管；3—铝线

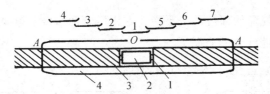

图 2-41 钢芯铝绞线钢芯搭接式铝管的施压顺序

1—钢芯；2—已压钢管；3—铝线；4—铝管

（6）各种接续管压后压痕应为六角形，六角形对边尺寸为接续管外径的 0.866 倍，最大允许误差 S 为（$0.866 \times 0.993D + 0.2$）mm，其中 D 为接续管外径，三个对边只允许有一个达到最大值，接续管不应有肉眼看出的扭曲及弯曲现象，校直后不应出现裂缝，应锉掉飞边、毛刺。

（7）将需要进行绝缘处理的部位清洗干净后进行绝缘处理。

3）辐射交联热收缩管护套的安装

（1）加热工具使用丙烷喷枪，火焰呈黄色，应避免蓝色火焰。一般不用汽油喷灯，若使用时，应注意远离材料，严格控制温度。

（2）将内层热缩护套推入指定位置，保持火焰慢慢接近，从热缩护套中间或一端开始，使火焰螺旋移动，保证热缩护套沿圆周方向充分均匀收缩。

（3）收缩完毕的热缩护套应光滑无皱折，并能清晰地看到其内部结构轮廓。

（4）在指定位置浇好热熔胶，推入外层热缩护套后继续用火焰使之均匀收缩。

（5）热缩部位冷却至环境温度之前，不准施加任何机械应力。

4）预扩张冷缩绝缘套管的安装

将内外两层冷缩管先后推入指定位置，逆时针旋转退出分瓣开合式芯棒，冷缩绝缘套管松端开始收缩。采用冷缩绝缘套管时，其端口应用绝缘材料密封。

4. 非承力接头的连接和绝缘处理

（1）非承力接头包括跳线、T 接时的接续线夹（含穿刺型接续线夹）和导线与设备连接的接线端子。

（2）接头的裸露部分须进行绝缘处理，安装专用绝缘护罩。

（3）绝缘罩不得磨损、划伤，安装位置不得颠倒，有引出线的要一律向下，需紧固的部位应牢固严密，两端口需绑扎的必须用绝缘自粘带绑扎两层以上。

四、紧　线

紧线是将展放在放线滑轮上的导线按照设计弧垂拉紧。

（一）紧线方法

1. 单线法

即一次紧一根线的方法。当导线截面较小且耐张段不长的情况下，可采用人力、畜力作为牵引动力。其施工方法简单，但施工进度慢，紧线时间较长。

2. 二线法

即一次同时紧两根线。

3. 三线法

即一次同时紧三根线。

二线法和三线法的优点是施工进度快，但需要的施工工具多，准备时间长，目前试验的效果也不是太好，所以，现场很少采用。

紧线的程序是：从上到下，先紧中间，后紧两边。

（二）紧线前的准备工作

（1）确定紧线区段。

（2）特种杆（耐张杆）上安装临时拉线。

（3）全面检查导线的连接及补修质量。

（4）确定观察弧垂档。

（5）保证通信畅通。

（三）紧线流程

线路较长，导线 S 较大时，用绞磨或卷扬机；中小型铝绞线或钢芯铝绞线用紧线器。

（1）在绝缘导线端头预留一定长度的尾线（作跳线用）包缠自粘绝缘胶带，其长度应大于卡入耐张线夹的长度。将缠有自粘绝缘胶带的导线与放线终端杆横担上预先安装好的耐张绝缘子串连接。

（2）在另一端杆侧先用人力将导线收紧一些之后，在绝缘线上缠绕塑料或橡皮包带（防止卡伤绝缘层）后用网套（或面接触的卡线器）将导线与紧线牵引绳连接牢固，紧线牵引通过滑车组与牵引设备连接。

（3）一切就绪后，开动牵引设备收紧导线，待导线接近观察弧垂时，减慢牵引速度，一边观察弧垂一边牵引。

（4）确定观察弧垂档。

紧线段在 5 档及以下时靠近中间选择一档，在 6～12 档时靠近两端各选择一档，在 12 档以上时靠近两端及中间各选择一档。观测档宜选择档距较大和悬挂点高差较小及接近代表档的线档；弧垂观测档的数量可以根据现场条件适当增加，但不得减少。

观测档位置应分布比较均匀，相邻观测档间距不宜超过 4 个线档；观测档应具有代表性，如连续倾斜档的高处和低处，较高的悬挂点的前后两侧，相邻紧线段的结合处；重要的跨越物附近的线档应设观测档；宜选择对邻线档监测范围较大的塔号作测站，不宜选邻近转角塔的线档作观测档。

（5）观察弧垂。

采用平行四边形法观察弧垂，又称等长法。将弧垂标尺分别自观测档的二悬挂点沿电杆向下量取现气象条件下该档距的弧垂 f（一般可通过查表或查曲线取得）得两点，再将弛度板分别安置于此两点处。观察人员在杆上目测弛度板，在收紧导线时，当导线最低悬点与二弧垂板观察点在一条直线上时，即可停止紧线，导线的弧垂即为观察弛度 f。

（6）如果只用一个观察档观察弧垂，为了使前后各档弧垂都符合设计要求值，紧线时可使观察弧垂等先略小于设计值，后再放松导线使弧垂略大于设计值，如此反复 1~2 次后，再收紧导线，使弧垂稳定在设计值。

（7）待各档弧垂稳定后，停止牵引 1 分钟后导线弧垂无变化，即可在导线上划印。

（8）在操作杆塔上划印时，通常是从紧线钢丝绳量至挂耐张绝缘子串用的球头挂环的球头中心，以记号笔划线，再从印记处向两边包缠绝缘胶带，其长度应大于卡入耐张线夹的长度。

（9）在杆塔上的工作人员立即将导线的缠绝缘胶带处固定于耐张线夹中，耐张线夹组装完毕后，从耐张线夹后量出预留跳线的长度，即可剪断导线。之后将导线挂于杆塔上的悬式绝缘子下，松去紧线器。

（10）调整永久性拉线，尽量使各条拉线张力相等。

（四）紧线的安全措施

（1）紧线时，任何人不得在悬空的绝缘导线下停留，必须待在导线 20 m 以外。

（2）收紧导线升空时，操作压线滑轮（放线过程中压上扬的导、地线）使导线慢慢上升，避免导线突然升空引起导线较大波动，发生跳槽现象。

（3）在紧线过程中随时监视地锚、杆塔、临时拉线是否正常，如有异常现象，应立即停止紧线或回松牵引，以免发生倒杆断线事故。

（4）工作人员未经工作领导人同意，不得擅自离开工作岗位。

（五）紧线注意事项

（1）对于耐张段较短和弧垂档，紧线时导线拉力较大，因此应严密监视各杆是否有倾斜变形现象，如发生倾斜应及时调整。

（2）导线和紧线器连接时，导线如有走动，在放置紧线器时，可在导线上包上一圈包布，增加摩擦系数和握力。

（3）当导线离地面后，如导线上挂有杂草、杂物等应立即清除；交通繁忙、行人频繁的地段、路口，应派专人监护，采用围红白带、围栏等措施，以免紧线时伤害行人或影响交通，甚至造成交通事故。

五、绝缘导线在绝缘子上的固定

如果是直线杆，将绝缘导线从开口塑料滑轮中取出放于针式绝缘顶槽内；如果是直线角度杆，则将绝缘导线从开口塑料滑轮中取出放于高压蝶式绝缘子线路外角侧的边槽上。卸下开口塑料滑轮。

中压绝缘线直线杆采用高压针式绝缘子或棒式绝缘子，耐张杆采用两片悬式绝缘子和耐张线夹或一片悬式绝缘子和一个中压高压蝶式绝缘子。低压绝缘线垂直排列时，直线杆采用低压高压蝶式绝缘子；水平排列时，直线杆采用低压高压针式绝缘子；沿墙敷设时，可用预埋件或膨胀螺栓及低压高压蝶式绝缘子，预埋件或膨胀螺栓的间距以 6 m 为宜。低压绝缘线耐张杆或沿墙敷设的终端采用有绝缘衬垫的耐张线夹，不需剥离绝缘层，也可采用一片悬式绝缘子与耐张线夹或低压高压蝶式绝缘子。

针式或棒式绝缘子的绑扎，直线杆采用顶槽绑扎法；直线角度杆采用边槽绑扎法，绑扎在线路外角侧的边槽上。高压蝶式绝缘子采用边槽绑扎法。使用直径不小于 2.5 mm 的单股塑料铜线绑扎。具体操作方法如下：

（一）顶槽绑扎法

（1）在绝缘导线上量出在绝缘子上固定的位置。

（2）绝缘线与绝缘子接触部分用绝缘自粘带缠绕，每圈绝缘粘带间搭压带宽的 1/2，缠绕长度应超出绑扎部位或与绝缘子接触部位两侧各 30 mm。

（3）把导线嵌入绝缘子顶部线槽内。

（4）把绑线绕成卷，在绑线一端留出一段长为 250 mm 的短头，用短头在绝缘子左侧的导线上绑 3 圈，方向是从导线外侧经导线上方绕向导线内侧。

（5）将绑线从绝缘子颈部内侧绕到绝缘子右侧的导线上绑 3 圈，其方向是从导线下方经外侧绕向导线上方。

（6）再将绑线从绝缘子颈部外侧绕到绝缘子左侧的导线上再绑 3 圈，其方向是由导线下方经内侧绕到导线上方。

（7）之后将绑线从绝缘子颈部内侧绕到绝缘子右侧的导线上再绑 3 圈，其方向是从导线下方经外侧绕向导线上方。

（8）之后再将绑线从绝缘子颈部外侧绕到绝缘子左侧导线下面，并从导线内侧上来，经过绝缘子顶部叉压在导线上，然后，从绝缘子右侧导线内侧绕到绝缘子颈部内侧，并从绝缘子左侧导线的下侧经导线外侧上来，经过绝缘子顶部交叉在导线上，此时在绝缘子顶部形成一个十字叉，之后把绑线从绝缘子右侧导线内侧，经下方绕到绝缘子颈部外侧，与绑线另一端的短头，在绝缘子外侧中间扭绞成 2～3 圈的麻花线，余线剪去，留下部分压平。

上述绑扎方法可概括为如下口诀：

量中划线缠胶带，绑线绕卷预留 250 mm；

短头左侧缠 3 圈 ，密缠右 3 左 3 再右 3；

顶绑一个十字花，端头扭辫剪余压平辫；

从左至右右到左，绑线均走导线的下方。

（二）边槽绑扎法

（1）在绝缘导线上量出在高压蝶式绝缘子边槽上固定的位置。

（2）绝缘导线与绝缘子接触部分用绝缘自粘带缠绕，每圈绝缘粘带间搭压带宽的 1/2，缠绕长度应超出绑扎部位或与绝缘子接触部位两侧各 30 mm。

（3）把导线置于高压蝶式绝缘子边槽内。

（4）把绑线绕成卷，在绑线一端留出一段长为 250 mm 的短头，用短头在绝缘子左侧的导线上绑 3 圈，方向是从导线外侧经导线上方绕向导线内侧。

（5）将绑线从绝缘子颈部内侧绕到绝缘子右侧的导线上方，交叉压在导线上，并从绝缘子左侧导线的外侧，经导线下方绕到绝缘子颈部内侧，接着再绕到绝缘子右侧导线的下方，交叉压在导线上，再从绝缘子左侧导线上方，绕到绝缘子颈部内侧。此时，导线在绝缘子外侧形成一个十字交叉。

（6）把绑线绕到右侧导线上方，并绑3圈，方向是由导线上方绕到导线外侧，再到导线下方。

（7）把绑线从绝缘子颈部内侧绕回到绝缘子左侧导线上，并绑3圈，方向是从导线下方经外侧绕到导线上方，然后，经过绝缘子颈部内侧，回到绝缘子右侧导线上，并再绑3圈，方向是从导线上方经外侧绕到导线下方，最后回到绝缘子颈部内侧中间，与绑线另一端的短头扭绞成2~3圈的麻花线，余线剪去，留下部分压平即可。

上述绑扎方法可概括为如下口诀：

量中划线缠胶带，绑线绕卷预留250 mm；

短头左侧缠3圈 ，边侧绑成一个十字花，

右3左3再右3，端头扭辫剪余压平辫；

从左至右右到左，绑线均走导线之下方。

思考与练习

一、填空题

1. 绝缘导线架空配电线路是一种以（　　　　　　　　）材料作外包绝缘，用于户外架空敷设的架空配电线路。

2. 架空绝缘导线由于多了一层绝缘皮，有了较裸导线优越的绝缘性能，可减少线路相间（　　　　　　　），降低对线路支持件的绝缘要求，提高同杆线路回路数，可以防止外物引起的相间短路。有利于城镇建设和绿化工作，减少线下树木的修剪量。

3. 架空绝缘导线适用于人口（　　　　　　　）繁华的地方，适用于树木生长较（　　　　　　　）的地方，适用于盐雾污秽较（　　　　　　　）的地方。

4. 架空绝缘线路的档距不宜大于（　　　　　　　）m，耐张段的长度不宜大于（　　　　　　　）km。架空绝缘线路的线间距离应不小于（　　　　　　　）m，采用绝缘支架的紧凑型架设不应小于（　　　　　　　）m。

5. 架空绝缘导线的架设应选择在（　　　　　　　）的天气进行，尽量避免在（　　　　　　　）度较大的天气放线施工。

6. 10 kV 绝缘导线，放线施工前后要用（　　　　　　　）V兆欧表摇测导线的绝缘电阻。

7. 放紧线过程中，应将绝缘导线放在（　　　　　　　）滑轮或套有（　　　　　　　）的铝滑轮内。

8. 放线时，宜采用（　　　　　　　）牵引绝缘线，绝缘线不得在地面、杆塔、横担、瓷瓶或其他物体上拖拉，以防损伤（　　　　　　　）。

9. 在放线的过程中，放线速度要（　　　　　　　），应力求使导线在展放过程中不发生磨损、凸肚、硬弯等。

10. 紧线段在 5 档及以下时，观察弧垂档应选择靠近（　　　　　　）一档。

11. 紧线时，应使用（　　　　　　）或（　　　　　　）接触的卡线器，并在绝缘线上缠绕（　　　　　　）或（　　　　　　）包带，防止卡伤绝缘层。

12. 紧线时，任何人不得在悬空的绝缘导线下停留，必须待在导线（　　　　　　）m 以外。

13. 中压绝缘线直线杆采用（　　　　　　）式绝缘子或（　　　　　　）式绝缘子，耐张杆采用（　　　　　　）片悬式绝缘子和耐张线夹或（　　　　　　）片悬式绝缘子和（　　　　　　）个中压高压蝶式绝缘子。

14. 针式或棒式绝缘子的绑扎，直线杆采用（　　　　　　）槽绑扎法；直线角度杆采用（　　　　　　）槽绑扎法，绑扎在线路外角侧的边槽上。高压蝶式绝缘子采用（　　　　　　）槽绑扎法。

15. 绝缘导线在绝缘子上固定时应使用直径不小于（　　　　　　）mm 的单股（　　　　　　）线绑扎。

16. 绝缘导线与绝缘子接触部分应用（　　　　　　）缠绕，缠绕长度应超出绑扎部位或与绝缘子接触部位两侧各（　　　　　　）mm。

二、简答题

1. 请简述绝缘导线在高压针式绝缘子顶槽的绑扎口诀。

2. 请简述绝缘导线在高压蝶式绝缘子边槽的绑扎口诀。

3. 请用简洁的语言总结绝缘导线的架设工序。

4. 架设绝缘导线时的注意事项中最关键的是什么？为什么？应采取哪些具体措施来预防错误的产生？

第三章　中压电力配电线路施工

课题一　电杆预制混凝土基础施工

【学习目标】

（1）预制基础的作用。

（2）混凝土基础施工步骤。

【知识点】

（1）预制基础施工方面的资料，会进行基础分坑测量。

（2）预制混凝土电杆基础施工的操作要点。

【技能点】

挖坑规范、立杆标准。

【学习内容】

一、基础知识

钢筋混凝土电杆在土质情况不太好或杆身较高时电杆底部应安装底盘和卡盘（底盘、卡盘和拉线盘又叫三盘）。

电力架空线路的施工，首先是根据设计图中的要求进行线路中心线的定线测量工作，设立各种施工所需要的标桩，如转角桩、里程桩、坑位桩等，然后再根据坑位桩进行基础施工。

二、预制混凝土基础施工前的准备

先根据任务、施工现场情况及参与施工人员的具体情况对人员进行分组。

（一）人员分工

表3-1 人员分工

序号	项目	人数	备注
1	工作负责人	1	
2	测量、画线、挖坑、操平，底盘安装	4	

（二）所需工机具

表3-2 工机具清单

序号	名称	规格	单位	数量	备注
1	经纬仪		台	1	
2	水准尺		根	3	
3	水准仪	大号	把	1	
4	圈尺		把	1	
5	滑板		块	1	
6	棕绳		根	1	
7	滑轮组		套	1	
8	定滑轮		个	1	
9	人字抱杆		套	1	
10	细铅丝		圈	1	
11	线坠		付	1	
12	十字架		付	1	
13	镐		把	1	
14	铁锹	长把	把	3	
15	铁锹	短把	把	1	

（三）所需材料

表3-3 材料清单

序号	名称	规格	单位	数量	备注
1	木桩		根	8	
2	铁钉		根	6	
3	底盘		个	1	

三、预制混凝土电杆基础施工操作

（一）检查杆位标桩

在被检查的标桩和前后相邻的标桩的中心各立一根测杆，从一侧看过去，若三根测杆都在线路中心线上，就表示被检查的标桩位置正确。

（二）杆塔基础分坑测量

1. 基础坑尺寸的确定

对于不同土质的基础坑，基础坑尺寸可根据表 3-4 确定。

表 3-4　基础坑尺寸参数

土壤分类	边坡坡度	操作宽度（m）	坑底宽度	坑口尺寸	备注
坚土、次坚土	1：0.15	0.1~0.2	基础底层尺寸每边＋2倍操作宽度	坑底宽度＋2倍坑深×边坡度	（1）基坑放样按坑口尺寸；（2）流沙、重油泥土采用挡土板，其他特种作业按其相应要求
黏土、黄土	1：0.3	0.1~0.2			
砂质黏土	1：0.5	0.1~0.2			
石块	1：0	0.1~0.2			
淤泥、砂土、砾土	1：0.75	0.3			
饱和砂土	1：0.75	0.3			
砾石	1：0.75	0.3			

2. 分坑测量

1）直线杆塔基础单杆坑测量

在杆位中心安装经纬仪，前视或后视钉二辅助桩 A、B，相距 2~5 m，供底盘找正用或正杆用，按分坑尺寸在中心桩前后左右各量好尺寸，画出坑口线，并在四周钉桩 1、2、3、4，如图 3-1 所示。

2）门形直线杆基础分坑测量

如图 3-2 所示。在两杆位的中心 O 点安装经纬仪，前视线路中心桩后水平旋转望远镜 90°，从 O 点量起，在此方向上量水平距离 $\frac{1}{2}(x+a)$、$\frac{1}{2}(x-a)$ 和 $\frac{1}{2}(x+a)+500$ 分别得 A、B 和 E 三点，x 为根开，a 为基坑宽。再垂直旋转望远镜 180°，从 O 点量起，在此方向上量水平距离 $\frac{1}{2}(x+a)$、$\frac{1}{2}(x-a)$ 与 $\frac{1}{2}(x+a)+500$ 分别得 C、D 和 F 三点。重复以上测量，以确保 A、B、C、D、E、F 六点的准确性（E、F 两点供底盘找正或正杆用）。亦可用丁字尺代替经纬仪在线路中心桩作一垂线，在此辅助垂线上测量出 A、B、C、D、E、F 六点。将 A、B、C、D 以 B 点为圆心，以 $\frac{\sqrt{5}}{4}a$ 为半径于 A 点两边画圆弧线，与以 A 点为圆心，以 $\frac{a}{2}$ 为半径所画圆弧相交于 1、2 两点；再以 B 点为圆心，以 $\frac{a}{2}$ 为半径画圆弧线，与以 A 点为圆心，以 $\frac{\sqrt{5}}{4}a$ 为半径所画圆弧相交于 3、4 两点。1、2、3、4 即为门形直线杆中一个杆坑口的四个角。同理，可根据 C、D 两点得另一门形杆的基坑周边线。

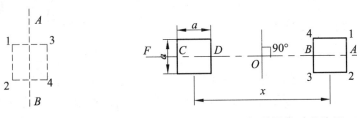

图 3-1　单杆分坑图　　　　　　　图 3-2　门型杆基础分坑图

3．杆塔基础分坑的技术要求

1）基坑施工前的定位规定

（1）直线杆顺线路方向位移，35 kV 架空电力线路不应超过设计档距的 1%；10 kV 架空电力线路不应超过设计档距的 3%。直线杆横线路方向位移不应超过 50 mm。

（2）转角杆、分支杆的横线路、顺线路方向的位移均不应超过 50 mm。

2）门形杆基坑规定

（1）根开的中心偏差不应超过 ±30 mm。

（2）两杆的坑深应相同。

（三）杆塔基坑的挖掘

1．基坑尺寸

预制混凝土基础坑有长方形和方形，一般多为方形。

基础坑的主要尺寸，包括坑底宽度（或直径）、坑壁坡度、坑口宽度（或直径）、标准坑深、基础根开、线路转角及位标、施工基面等。

坑底宽度主要由基础底盘的宽度和基础底部需预留的施工作业宽度及坑底的倾斜角的大小决定。

坑口宽度由坑底宽度、坑壁坡度、基坑实际坑深决定。

标准坑深是指基础设计时计算的坑深（基础埋深），即从标准地面（零点）到基础底盘下面的距离。

基础根开是指相邻两基础中心之间的距离。杆塔型式不同，基础根开的表示方法及意义也不同。

施工基面是指有坡度的杆塔计算基础埋深的起始基面，也是计算定位塔高的起始基面。

2．基坑的挖掘

（1）按照画好的坑口尺寸、规定的坑底尺寸和规定的坡度，使用镐和铁锹进行挖掘。

（2）挖出的土，应堆放在离坑边 0.5 m 以外的地方，以防影响坑内工作和立杆，其至会使坑壁受重压而塌方。

（3）在挖掘的过程中，要随时观察土质情况，发现有塌方的可能时，应采用挡土板或放宽坑口坡度等措施，挖坑人员应戴安全帽，不得在坑内休息。

（4）挖掘时随时检查坑位，以保证基础坑不偏斜、移位。

（四）坑深的检查和坑底操平

1. 单杆坑深的检查和坑底操平

一般以坑边四周平均高度为基准，用水准仪及塔尺先测得坑边地面的平均高度 h_1，再将塔尺伸入坑中心测得高度 h_2，则坑深 $H = h_2 - h_1$。同时用塔尺测量坑底四角处的高低差，如图 3-3 所示，并将其整平。若无水准仪，可用圈尺直接测得坑深。坑深允许误差为 + 100 mm、- 50 mm。施工另有规定者除外。

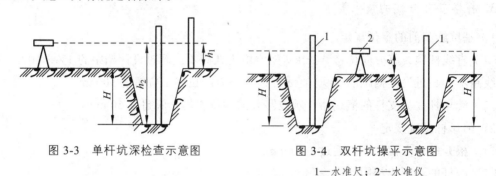

图 3-3 单杆坑深检查示意图　　　　图 3-4 双杆坑操平示意图

1—水准尺；2—水准仪

2. 双杆坑深的检查和坑底操平

坑深标准一般以中心桩处的地面为准，两坑深度需用水准仪观察，水准仪宜放在距两坑中心等距离处进行观测。两坑相对高差不得大于 30 mm，若两坑深度不同，则以较深的坑为准，并挖另一坑至相同深度为止，如图 3-4 所示。

（五）电杆底盘安装

1. 底盘安装

基坑操平后，可安装底盘。底盘的安装一般采用滑板法和吊装法，不允许将底盘直接推入基坑内，以保证底盘和基坑底面的完整性。

1）滑板法

底盘重量在 300 kg 以下，可采用人力的简易方法安装。首先将底盘移至坑口，两侧用吊绳固定，坑口下方至坑底放置有一定斜度的钢钎或木板，在指挥人的统一指挥下，用人力缓缓将底盘放下，至坑底后将钢钎或木板抽出，解开吊绳，如图 3-5 所示。

2）吊装底盘

质量大于 300 kg 以上的底盘，在有条件的情况下，可用吊车安装，既方便省力又安全。在没有条件时，一般根据底盘的重量采取三脚架、人字抱杆等吊装方法，如图 3-6 所示。

2. 底盘找正

1）单杆底盘找正

单杆底盘找正如图 3-7 所示。

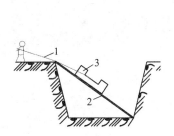

图 3-5　滑板法安装底盘

1—拉绳；2—滑板；3—底盘

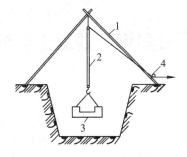

图 3-6　吊装法安装底盘

1—人字抱杆；2—滑轮组；3—底盘；4—定滑轮

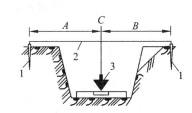

图 3-7　底盘中心找正

1—辅桩；2—细铅丝；3—线坠

（1）将特制木十字架放于底盘中心，直字架尺寸可根据底盘上的圆圈大小制作。

（2）用 20 号或 22 号细铅丝，将基坑前后两辅桩上的铁钉上连成一线。

（3）根据定位分坑记录或挖坑前的实际数字，在铅丝上量出中心点，从该中心点放下线坠。

（4）用钢钎拨动底盘，直至线坠尖端对准木十字架中心。

（5）用土将底盘四周填平夯实。

2）双杆底盘中心找正

（1）双杆杆坑检查完以后，放入底盘，并立刻复核两底盘中心高差，若高差超过规定，应吊起较低的一块底盘，填土夯实，然后再进行中心找正。

（2）找正前先在左右两副桩上拉细铁丝，使二副桩上的铁钉与中心桩上的铁钉成一直线，从中心桩铁钉向两边量出根开长度的一半处，用红漆或记号笔在铁丝上做出标记，即为底盘中心位置，自此点吊下线坠，使线坠尖端对准底盘木十字架中心。

思考与练习

一、填空题

1. 钢筋混凝土电杆在土质情况不太好或杆身较高时电杆底部应安装（　　　　　）和（　　　　　）。

2. 三盘是指（　　　　　）、（　　　　　）和（　　　　　）。

3. 一般配电线路杆坑有底盘时挖成（　　　　　）形。

4. 标准坑深是指基础设计时计算的坑深，即从标（　　　　　）到（　　　　　）的距离。

5. 底盘的安装一般采用（　　　　　）法和（　　　　　）法。

二、简答题

1. 画图说明直线单杆基础的分坑测量要点？

2. 挖掘基坑时，在技术上有什么要求？

3. 画图说明单杆底盘的找正方法。

课题二　分段钢筋混凝土电杆组立

【学习目标】

（1）能编制出最佳的（省工、施工误差小）施工工序，能举一反三。

（2）掌握耐张杆组立的操作要点，能完成分段电杆的组立。

【知识点】

排杆的重要性和钢筋混凝土电杆的连接方法。

【技能点】

（1）会搜集耐张杆组立方面的资料。

（2）养成安全、规范的操作习惯和团结协作解决问题的能力。

【学习内容】

一、基础知识

（一）电杆组立

电杆组立包括电杆的排杆连接、地面组装和整体立杆。

（二）耐张杆塔的作用和特点

耐张杆塔也叫作承力杆塔，是一种坚固、稳定的杆塔。为防止倒杆或断线事故范围扩大，设计中常把一条线路分为几个相对独立的受力段，在工程上称为耐张段，相应每段的两端杆塔称为耐张杆。耐张杆的特点是它要承受相邻两个耐张段导线的拉力差，因此要求它的强度比直线杆大。

耐张杆塔采用耐张绝缘子串，并用耐张线夹固定导线。通常在线路施工设计时按耐张段进行，故又称紧线杆。

二、混凝土耐张杆组立前的施工准备

（一）人员分工

表 3-5　人员分工

序号	项目	人数	备注
1	工作负责人	1	
2	操作	8	

（二）所需工机具

表 3-6 工机具清单

序号	名 称	规 格	单位	数量	备 注
1	人字抱杆		副	1	
2	滑轮组		套	1	
3	绞磨（或卷杨机）		台	1	
4	钢丝绳		根	5	牵引、起吊、制动
5	白综绳		根	2	作控制拉绳、吊绳用
6	转杆器		套	1	
7	木夯		个	1	
8	地锚		个	2	
9	铁锹		把	4	
10	登杆工具		套	2	

（三）所需材料

表 3-7 材料清单

序号	名 称	规 格	单位	数量	备 注
1	钢筋混凝土电杆	H9	根	1	两段
2	卡盘		套	1	
3	双横担		套	1	
4	悬式绝缘子		片	12	
5	针式绝缘子		个	1	
6	杆顶支座		套	1	

三、混凝土耐张杆组立

（一）排 杆

由于钢筋混凝土杆较重，导致运输不便，若要求其强度比较大，高度比较高，则更加难以运输。所以将其制造成分段杆，运到现场后再进行连接组装。

排杆就是将分段杆按设计要求沿线路排列在地面上，其作用是为下一道工序电杆的连接创造条件，并为立杆做好准备。

现场排杆时应符合下列要求：

（1）检查运到现场的杆段的规格，螺栓孔的位置、方向是否符合设计施工图的要求。

（2）检查杆段是否符合质量标准的规定。即预应力杆不得有纵向和横向的裂纹，普通钢筋混凝土杆不得有纵向裂缝，横向裂缝宽度不得超过规定。

（3）杆段的螺栓孔和接地孔的方向应按施工图的要求排放，杆段接头钢板圈互相对齐，并留有 2~5 mm 的间隙。

（4）根据施工图将各杆段按上、中、下和左、右排列放置。为使用权杆段保持同一水平状态，排杆时应将地面整平或在各杆段下面垫以垫木或填土的草袋等，以免由于杆身自重而引起电杆的裂纹。

（5）在山区或丘陵地带，其场地往往不能满足排杆所需要的长度，这时可在杆顶处用支架支撑电杆。

（6）排杆时各杆段必须在同一轴线上，可通过拉一条线绳来检验是否在同一轴线上。

（7）移动杆段时不得用铁钎插入杆身撬动，可用绳子或木棒牵引来拨动。

（8）排杆时直线单杆的杆身应沿线路中心线放置，直线双杆的杆身中心与线路中心线平行。

（9）对于转角杆杆身的排列轴线应位于该杆转角的角平分线上。

（二）分段杆连接

分段钢筋混凝土电杆的连接方法有法兰盘螺栓连接和钢圈对口焊接两种。

1. 分段杆的法兰盘螺栓连接

法兰盘一般用铸钢浇制，然后分别焊在混凝土杆的主盘骨架上，在组装时用螺栓连接。用法兰盘连接混凝土杆时，紧固接头处的连接螺栓要从四周轮换进行，必须保证两杆段在同一轴线上，并力求连接处严紧密合；组装时允许在法兰盘间加铁垫片调正杆身，但垫片的数量不易太多，一般不应超过 3 个，且总厚度不大于 5 mm。用法兰盘连接杆段的主要优点是施工简便，适应范围广，并且接头操作过程中不影响混凝土杆的质量。其缺点是耗钢量较多，造价较高，运输中容易产生变形。

2. 分段杆的焊接连接

焊接分为气焊和电弧焊。钢圈连接的钢筋混凝土杆宜采用电弧焊接。

进行钢筋混凝土杆的钢圈焊接时应符合下列规定：

（1）操作人员必须是经过焊接专业培训并经考试合格的焊工，使用合格的工器具。

（2）焊接前，要清除钢圈焊口上的油脂、铁锈、泥垢等污物，并按规定将焊条烘焙。

（3）应确保钢圈对齐找正，中间留有 2~5 mm 的焊接间隙。钢圈有偏心时，其错口不应大于 2 mm。

（4）焊接时应保证安全。

（5）焊口宜先点焊 3~4 处，然后对称交叉施焊。点焊所用焊条应与正式焊接用的焊条牌号相同。

（6）当焊圈厚度大于 6 mm 时，应采用 V 型坡口多层焊接。多层焊缝的接头应错开，收口时应将熔池填满。焊缝中严禁填塞焊条或其他金属。

（7）焊缝应有一定的加强面，其高度和遮盖宽度应符合表 3-8 的规定。

表 3-8　焊缝加强面尺寸

项　目	钢圈厚度 s（mm）	
	<10	10～20
高度 c	1.5～2.5	2～3
宽度 p	1～2	2～3

（8）焊完后整杆的弯曲度不超过电杆全长的 1/1 000，超过时应割断重焊。

（9）焊接接头应按要求进行防腐处理。

（三）钢筋混凝土耐张杆的组立

为了施工方便，采用汽车吊立杆，一般是先在地面将横担组装好，当电杆吊离地面 0.5～0.8 m 时，再将横担从杆顶套入并加以紧固，待电杆稳固后再进行调整。而采用固定式人字抱杆立杆时，一般的组装顺序则为：先立杆，立好杆后再进行杆上组装横担，安装绝缘子和金具等。若杆顶未封，则一定要将电杆顶端封堵好。

固定式人字抱杆吊立电杆，属于悬吊式立杆，其现场平面布置如图 3-8 所示。该方法适用于立 15 m 及以下的拔梢杆，其优点是比较方便简单，基本上不受地形限制，在田野、城镇道路上施工均比较方便。

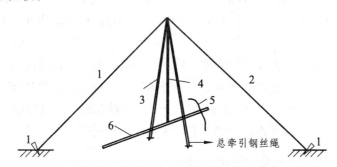

图 3-8　固定式人字抱杆吊立电杆现场平面布置示意图

1—地锚（桩）；2—固定临时拉线；3—人字抱杆；4—滑轮组；5—防倒绳；6—电杆

1. 固定式人字抱杆吊立电杆操作

（1）立杆前，按图 3-8 所示做好准备。同时，全体组员明确施工方案和各自职责。1 人指挥，制动绳、调整绳每根各由 1 人负责，绞磨由 4 人共同负责。

（2）检查立杆工具、杆坑是否符合立杆要求，做好立杆准备。

（3）绑扎抱杆，穿滑轮组，固定桩锚及其临时拉线。

（4）将抱杆立在杆坑中心附近，调整临时拉线稳固抱杆，及时将拉线固定在桩锚上；设置转向滑轮至牵引方向。

（5）将起吊电杆的钢丝绳绑扎在电杆重心以上 0.5 m 处；电杆梢部两侧各栓一根棕绳作为控制拉绳，防止在起吊过程中左右倾斜。

（6）当电杆离地 0.5 m 左右时，停止起吊，全面检查临时拉绳的受力情况以及地锚是否牢固。

（7）检查无误后，继续缓慢均匀牵引，起吊过程中要随时注意各部的受力情况。

（8）电杆起立入坑时，应注意临时拉线的受力情况。

（9）电杆根部进入基坑时，要缓慢松下牵引绳，使杆根平稳落入基坑内的底盘中心。

（10）调整两侧临时拉绳，使电杆垂直于地面并符合设计要求。

（11）回填土分层夯实，当杆坑回填至离地面500 mm时夯实并整平，将卡盘吊入杆坑找正并安装固定到位后继续回填土并夯实，注意预留一定高度的防沉层。吊装卡盘时要执行起重的各项规定。

（12）拆除立杆工具，整理、清擦工器具。清理现场，结束作业。

注意：起吊时，相互配合，只有配合到位才能保证安全、成功立杆。

2. 固定式人字抱杆立杆的要点

（1）抱杆高度的选择：一般可取电杆重心高度加2~3 m。

（2）临时拉线绳长度的选择：据杆坑中心距离，可取电杆刻度的1.2~1.5倍。

（3）滑轮组的选择：应根据水泥杆的重量来确定。一般水泥杆质量为500~1 000 kg，采用1~2个滑轮组；水泥杆质量为1 000~1 500 kg，采用2个滑轮组；水泥杆质量为1 500~2 000 kg，则可采用2~3个滑轮组来牵引。

（4）吊点位置的选择：起吊电杆的钢丝绳，一般绑扎在电杆重心以上0.5 m处，对于15 m高的电杆单点起吊时，由于预应力杆有时吊点处承受的弯距较大，因此，必须采取回绑措施来加强吊点处的抗弯强度。

（5）如果土质较差时，抱杆根部需辅垫垫木，以防止抱杆起吊时受力后下沉。

（6）抱杆的根开一般根据电杆的重量与抱杆的高度来确定，计算比较复杂。根据实践经验可知抱杆的根开一般最好是在2~3 m。根开太小，抱杆在起吊的过程中不稳定，容易倒塌；根开太大，则下压力易集中在抱杆中部，有可能造成抱杆折断。

3. 固定式人字抱杆吊立电杆时的注意事项

（1）起吊过程要缓慢匀速；

（2）电杆离地0.5 m左右时，应停止起吊，全面检查临时拉绳的受力情况以及地锚是否牢固。

（3）电杆入坑时，应特别注意上下的临时拉线受力情况，并要缓慢松下牵引绳，切忌突然松放而冲击抱杆。

（4）当电杆直立后进行回填土、夯实及调整横担位置。

（5）施工后及时做好清理，做到工完、料净、场地清。文明施工、保护环境。

4. 立杆时的安全注意事项

（1）立杆前确定好立杆方案，明确分工，统一指挥。严禁工作人员不听号令，各行其是。仔细检查立杆工具，严禁有起重工具超铭牌使用。

（2）立杆现场严禁非工作人员逗留。必须撤离杆高的1.2倍距离之外。

（3）电杆起立，禁止任何人在杆下逗留。工作人员应分布在电杆的两侧，以防电杆突然落下伤人。

（4）立杆时，禁止工作人员进行挖土等工作。

（5）电杆立正以后要立即回填土。回填土要按要求分层夯实。回填土未夯实前，不准登杆，也不准拆除拦护绳。

（6）拆除过程中应防止钢丝绳弹及面部、手部，并防止坠落伤人。

（7）焊完后的电杆经自检合格后，在上部钢圈处打上焊工的代号钢印。

（四）耐张杆杆上组装

杆上组装包括安装导线横担及绝缘子串等，耐张杆杆顶结构如图 3-9 所示。

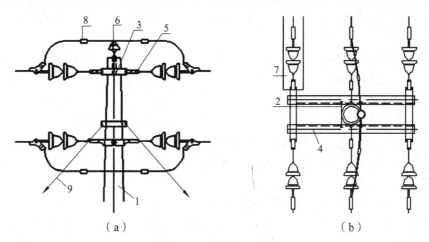

（a）　　　　　　　　　　　（b）

图 3-9　耐张杆杆顶结构

1—电杆；2—M 型抱铁；3—杆顶支座抱箍；4—横担；5—拉板；6—针式绝缘子；
7—耐张绝缘子串；8—并沟线夹；9—拉线

（1）登杆前检查。

① 材料、工具准备到位，绝缘子清洁。

② 检查电杆是否稳固，安全帽、安全带、脚扣及电工工具是否符合标准。

③ 对安全带、脚扣做冲击试验。

④ 穿戴到位。

（2）登杆至合适的操作位置，站稳并系好安全带。

（3）地面操作人员准备材料的起吊工作。

（4）杆上作业人员用吊绳吊起材料，开始组装。

① 安装杆顶支座。

② 安装拉线抱箍。

注意：拉线抱箍螺栓应顺线路方向，由送电侧穿入。

③ 安装双横担。

④ 安装耐张绝缘子。

注意：耐张绝缘子串上的弹簧销子、螺栓及穿钉应由上向下穿。当有特殊困难时可由内向外或由左向右穿入。

思考与练习

一、填空题

1. 耐张杆的特点是它要承受（　　　　　）两个耐张段导线的拉力差，因此要求它的强度比直线杆（　　　　　）。

2. 排杆的目的是为下一道工序——（　　　　　）创造条件，并为（　　　　　）做好准备。

3. 杆段的螺栓孔和接地孔的方向应按施工图的要求排放，杆段接头钢板圈互相对齐，并留有（　　　　　）mm 的间隙。

4. 排杆时各杆段必须（　　　　　），可通过拉一条线绳来检验是否（　　　　　）。

5. 移动杆段时不得用（　　　　　）插入杆身撬动，可用（　　　　　）或（　　　　　）牵引来拨动。

6. 排杆时直线单杆的杆身应沿（　　　　　）线放置，直线双杆的杆身中心与（　　　　　）中心线平行。

7. 钢筋混凝土电杆的连接方法有（　　　　　）和（　　　　　）两种。

8. 固定式人字抱杆立杆适用于立（　　　　　）m 及以下的拔梢杆。

9. 起吊电杆的钢丝绳，一般绑扎在电杆重心以上（　　　　　）m 处，对于 15 m 高的电杆单点起吊时，由于预应力杆有时吊点处承受的弯距较大，因此，必须采取（　　　　　）措施来加强吊点处的抗弯强度。

10. 固定式人字抱杆吊立电杆时起吊过程要（　　　　　）。

11. 电杆离地（　　　　　）m 左右时，应停止起吊，全面检查临时拉绳的受力情况以及地锚是否牢固。

12. 施工后及时做好清理，做到工（　　　　　）、料（　　　　　）、场地（　　　　　）。文明施工、保护环境。

13. 立杆前要确定好立杆方案，明确（　　　　　），统一（　　　　　）。严禁工作人员不听号令，各行其是。仔细检查立杆工具，严禁有起重工具超铭牌使用。

14. 立杆现场严禁（　　　　　）人员逗留。必须撤离杆高的（　　　　　）倍距离之外。

15. 电杆立正以后要立即回填土，回填土要按要求分层夯实。回填土未夯实前，不准（　　　　　），也不准拆除（　　　　　）。

二、简答题

1. 请写出排杆的关键点。

2. 请简述分段杆法兰盘螺栓连接的技术要点。

3. 用简练的语言描述倒固定式人字抱杆吊立电杆的操作要点。

课题三　带绝缘子拉线安装

【学习目标】

（1）会搜集拉线安装方面的资料，能够测量拉线长度、计算下料长度。

（2）学会编制出最佳的施工工序，能举一反三。

（3）养成规范的操作习惯，有团队协作意识，能解决实际问题。

【知识点】

知道拉线绝缘子的作用和使用场所。

【技能点】

（1）接线安装的操作技巧。

（2）掌握相应工具的使用技巧。

【学习内容】

一、基础知识

（一）拉线绝缘子的作用

拉线绝缘子如图 3-10 所示，它的作用就是让地面处的拉线与导线之间有足够的安全绝缘距离，从而保证地面处的拉线安全无电。

图 3-10　拉线绝缘子

（二）带拉线绝缘子的拉线结构

在结构上只比普通拉线多一个绝缘子，如图 3-11 所示，但这也使拉线多出一个中把。

规程规定，穿越或接近导线的电杆拉线必须装设与线路电压等级相同的拉线绝缘子。拉线绝缘子的安装位置，应使拉线断线而沿电杆下垂时，绝缘子离地面的高度在 2.5 m 以上，不致触及行人，如图 3-11 所示。同时使绝缘子距电杆最近应在 2.5 m 以上，以便在杆上作业时不致触及接地部分。

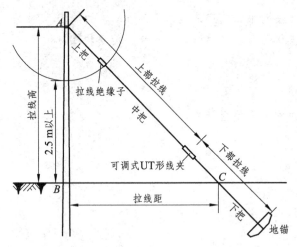

图 3-11　带拉线绝缘子的拉线结构

（三）注意事项

（1）拉线位于交通要道或人易触及的地方，须套上斜拉线保护管（或警示管）。

（2）拉线的尾线应在楔型线夹、UT 型线夹的凸肚侧，线夹的凸肚均应朝向地面。

（3）安装完毕后要认真检查，防止遗留工具和余料。

二、带绝缘子拉线安装前的准备

（一）人员分工

表 3-9　人员分工

序号	项目	人数	备注
1	安全防护	1	
2	拉线制作安装	4	

（二）所需工机具及安全用品

表 3-10　工机具与安全用品清单

序号	名称	规格	单位	数量	备注
1	电工工具		套	2	
2	断线钳	大号	把	1	
3	紧线器		套	1	
4	木手锤（或橡胶锤）	1.5 kg	个	1	
5	卷尺	20 m	把	1	
6	记号笔		支	1	
7	吊绳	$\phi 12$　$L = 10$ m	根	1	
8	脚扣		副	1	

（三）所需材料

表 3-11　材料清单

序号	名称	规格	单位	数量	备注
1	镀锌钢绞线	GJ-50	m		按需量取
2	楔形线夹		套	1	
3	UT 型线夹（或花篮螺栓）	可调式	套	1	
4	镀锌铁线	$\phi 1.2$	m		按需量取
5	镀锌铁线	$\phi 3.2$	m		按需量取
6	拉线绝缘子		个	1	
7	钢线卡子		套	6	

三、带绝缘子拉线安装程序

（一）测量拉线长度

1 人防护，1 人带圈尺登至杆上拉线包箍处，固定好安全带，手拿圈尺端头，放下卷尺，另 1 人接圈尺：① 拉至拉线棒处，拉直圈尺测所需拉线的长度，做好记录；② 垂直拉至地面，测量出拉线包箍至地面的垂直距离，做好记录。③ 测出杆底拉线侧至拉线棒出土点的距离。

（二）计算下料长

总下料长度 = 测量值① + 上端回头长度（400 mm）+ 下端回头长度（600 mm）+ 拉线绝缘子处二回头的长度（400 mm × 2）– 线夹所增加的长度。

由于拉线绝缘子距地面不应小于 2.5 m，所以若拉线绝缘子距地面的距离按 3 m 计算，则

$$下段拉线的下料长度 = （3 \times 测量值③）/测量值② + 400 \text{ mm} \times 2$$

（三）下　料

用卷尺在钢绞线上量出所需长度，用记号笔做好标记。在标记的两侧各用 $\phi 1.2$ 镀锌铁线（扎丝）分别绑扎 3 ~ 5 圈，用断线钳在标记处将钢绞线剪断。

（四）制作上段拉线

从所剪取的上段钢绞线的两端各量出 400 mm，做好标记。分别以标记为弯曲中心做好回头（注意：一端的回弯要与拉线绝缘子相适应），一端套入楔型线夹内（注意：线夹的凸肚应在尾线侧）。用木手锤敲击线夹本体，使楔子与线夹本体、钢绞线接触紧密，受力后无滑动现象。另一端穿入拉线绝缘子。

预留尾线与主线采用 $\phi 3.2$ 镀锌铁线绑扎，绑扎顺序由线夹侧向尾线侧（或拉线绝缘侧向

尾线侧）。要求绑扎紧密无缝隙，最小绑扎长度为 200 mm。铁丝两端头拧 3 个麻花绞紧（注意不能超过尾线头），剪去余线后压置于两钢绞线中间。

（五）制作下段拉线

下段拉线同上，但只制作好中把回头，另一端先不做，其目的是进一步校正拉线的长度误差。

（六）安装上端

将拉线上把的楔型线夹凸肚朝下安装于拉线抱箍上的延长环中。

（七）制作下端回头

1. 校验下端回头中心

将紧线器的尾线（用 φ4.0 铁线制作）与拉线棒连接牢固，用紧线器夹紧钢绞线后紧线，将钢绞线与拉线棒紧成一条直线；拆下 UT 型线夹上的 U 型螺栓，把 U 型螺栓穿入拉线棒上部圆环内，再套入线夹，使线夹主体位于螺杆丝扣距顶部的 1/2 处，同时与钢绞线进行试配，量出应做回头的中心，做好标记。退出套入 U 型螺栓的线夹主体。

亦可通过测量值①测出拉线下端的回弯中心。

2. 制作下端回头

以所做标记为中心将钢绞线煨弯装入线夹内，线夹的凸肚在尾线侧。用木手锤将楔子与线夹本体敲紧，使线夹楔子与钢绞线接触紧密。要求最小绑扎长度为 200 mm。

量出钢绞线尾线预留长度（600 mm），做好标记，用 φ1.2 镀锌铁线在记号内侧绑扎 3~5 圈，用断线钳在标记处将钢绞线剪断。然后将尾线与主线用 φ3.2 镀锌铁线绑扎紧，绑扎时应从线夹侧向尾线侧先密缠 150 mm，再花缠 250 mm，后密缠 80 mm。

（八）安装下端

将线夹凸肚向下套入 U 型螺栓丝扣上，装上 U 型螺栓的螺母，并将两边螺杆螺母对应拧紧。拆掉紧线器，调整 UT 型线夹，将拉线棒、线夹、镀锌钢绞线拉紧。

思考与练习

一、填空题

1. 安装拉线绝缘子的目的是将地面处的拉线与导线之间有足够的（　　　　　）距离，从而保证地面处的拉线（　　　　　）。

2. 规程规定，穿越或接近导线的电杆拉线必须装设与线路电压等级相同的（　　　　　）。拉线绝缘子应装在最低导线以（　　　　　），应保证在拉线绝缘子以下断拉线的情况，拉线绝缘子距地面不应小于（　　　　　）m。

3. 拉线位于交通要道或人易触及的地方，须套上（　　　　　）管。

4. 拉线的尾线应在楔型线夹、UT 型线夹的（   ）侧，线夹的凸肚均应朝向（   ）。

二、简答题

1. 应如何测量拉线长度才会更准确？

2. 如何计算两段拉线的下料长度？

3. 应如何减小拉线的施工误差？

4. 怎么样才能有效保护各种金具及钢绞线的镀锌层？

5. 请概括带绝缘子拉线一次安装到位的关键点？

课题四 人工架设导线

【学习目标】

（1）搜集导线架设方面的资料。

（2）能按规程要求进行导线连接和架线操作，且能达到规范要求的质量标准。

（3）养成规范操作和良好沟通习惯，善于团队协作，能解决实际问题。

【知识点】

（1）知道导线的作用、类型、结构和钳压连接方法。

（2）知道导线架设组织措施、安全措施、技术措施和劳动保护措施。

【技能点】

（1）能够正确使用架线的工器具。

（2）能编制出最佳的施工工序，能举一反三。

一、基础知识

（一）架空导线

1. 架空导线的作用

导线的作用是传导电流、输送电能。架空导线经常受风、冰、雨等及空气中的化学物质的侵蚀，因此，架空线路的导线不仅要有良好的导电性能，还应有足够的机械强度，且具有耐磨抗腐蚀及质轻价廉的特点。

2. 架空导线的材料

常用的导线材料有铜、铝、钢、铝合金等。各种导线材料的物理性能如表 3-12 所示。

表 3-12　导线材料的物理性能

材料	20 ℃ 时的电阻率（10^{-6} Ω/m）	密度（g/cm³）	抗拉强度（N/cm²）	抗化学腐蚀能力及其他
铜	0.018	8.9	390	表面易形成氧化膜，抗腐蚀能力强
铝	0.029	2.7	160	表面氧化膜可防继续氧化，但易受酸碱盐腐蚀
钢	0.103	7.85	1200	在空气中易锈蚀，须镀锌
铝合金	0.034	2.7	300	抗化学腐蚀能力好，受振动时易损坏

由表 3-12 可见，铜是比较理想的导电材料，当能量损耗、电压损耗相同时，铜导线截面比其他金属导线截面都小，并且又有良好的机械强度和抗腐蚀的性能。但由于铜相对于其他金属用途广泛而产量较小，故价格较高。因此，架空线路的导线除有特殊要求外，一般不采用铜线。铝作为导线来讲仅次于铜，其导电率为铜的 1/1.6。铝是地球上存在较多的元素之一，铝的密度小，采用铝线杆塔受力小。但铝的机械强度低，允许应力小，导线放松时弧垂较大，导致杆塔高度增加，所以，铝导线只用于杆距小、10 kV 以下的架空线路。

钢的电阻率虽较大，但它的机械强度特别大，且价格比较便宜，在跨越山谷、河流等较大档距（档距即相邻两杆塔间的水平距离）时采用钢绞线。但钢绞线易受腐蚀，所以，必须镀锌。为充分利用铝的导线性能和钢的机械性能，将铝线与钢线配合制成钢芯铝绞线，广泛用于架空配电线路中。

3. 导线的分类、型号和规格

1）导线按结构分类

高压架空电力线路一般都是由裸导线敷设的，根据其结构可分为单股导线、单金属多股导线、复金属多股导线。

（1）单股导线。

单根实心金属线，一般只有铜线和钢线为单股导线，而铝导线的机械强度差，不单独作为单根导线在架空线路中使用。单股导线直径最大不超过 6 mm，截面一般在 10 mm²。

（2）单金属多股导线。

分别由铜、铝、钢或铝合金一种金属的多根单股线绞制而成，一般由 7 股、19 股或 37 股相互扭绞制成多层绞线。多层多股绞线中相邻两层间的绞向相反，防止放线时导线扭花打卷。多股绞线比单股导线的优点是机械强度比较高；柔韧性和弹性好，施工方便；且耐振能力强。

（3）复金属多股导线。

由两种金属的多根单股线绞制或由两种金属制成复合单股线绞制成多股绞线。前者如：钢芯铝绞线、扩径钢芯铝绞线、钢芯铝合金线、钢铝混绞线等；后者如：铜包钢绞线、铝包钢绞线等。

2）架空导线的规格与型号

架空导线的型号，按国家规定，一般由三部分表示，第一部分是表示导线的材料，第二部分是表示导线的结构特征，第三部分是表示导线的标称截面积。常用符号的意义为：

T—铜线；L—铝线；G—钢线；J—绞制；J—加强型；Q—轻型；F—防腐；R—柔软；Y—硬。

导线型号示例如下：

G—5.0：表示导线直径为 5 mm 的单股镀锌钢线。

TJ—25：表示标称截面为 25 mm² 的铜绞线。

LJ—35：表示标称截面为 35 mm² 的铝绞线。

LGJ—50：表示标称截面为 50 mm² 的钢芯铝绞线。

LGJJ—70：表示标称截面为 70 mm² 的加强型钢芯铝绞线。

LGJ—35/6：表示铝线部分标称截面为 35 mm²，钢线部分标称截面为 6 mm² 的钢芯铝绞线。

普通型和轻型钢芯铝绞线用于一般地区，加强型钢芯铝绞线用于重冰区或大跨越地段。

常用导线的主要参数如表 3-13 和表 3-14 所示。

表 3-13　钢芯铝绞线主要技术参数（GB1179—83）

标称截面铝/钢（mm²）	根数/直径（mm）		计算截面（mm²）			外径（mm）	直流电阻上限（Ω/km）	计算拉断力（N）	计算质量（kg/km）	交货长度下限（m）
	铝	钢	铝	钢	总计					
10/2	6/1.50	1/1.50	10.60	1.77	12.37	4.50	2.706	4 120	42.9	3 000
16/3	6/1.85	1/1.85	16.13	2.69	18.82	5.55	1.779	6 130	65.2	3 000
25/4	6/2.32	1/2.32	25.36	4.23	29.59	6.96	1.131	9 290	102.6	3 000
35/6	6/2.72	1/2.72	34.86	5.81	40.67	8.16	0.823 0	12 630	141.0	3 000
50/8	6/3.20	1/3.20	48.25	8.04	56.29	9.60	0.594 6	16 870	195.1	2 000
50/30	12/2.32	7/2.32	50.73	29.59	80.32	11.60	0.569 2	42 620	372.9	3 000
70/10	6/3.80	1/3.80	68.05	11.34	79.39	11.40	0.421 7	23 390	275.2	2 000
70/40	12/2.72	7/2.72	69.73	40.67	110.40	13.60	0.414 1	58 300	511.3	2 000
95/15	26/2.15	7/1.67	94.39	15.33	109.72	13.61	0.305 8	35 000	380.8	2 000
95/20	7/4.16	7/1.85	95.14	18.82	113.96	13.87	0.301 9	37 200	408.6	2 000
95/55	12/3.20	7/3.20	96.51	56.30	152.81	16.00	0.299 2	78 110	707.7	2 000
120/7	18/2.90	1/2.90	118.89	6.61	125.50	24.50	0.242 2	27 570	379.0	2 000
120/20	26/2.38	7/1.85	115.67	18.82	184.40	15.07	0.249 6	41 000	466.8	2 000
120/25	7/4.72	7/2.10	122.48	21.25	146.73	15.74	0.234 5	47 880	526.6	2 000
120/70	12/3.60	7/3.60	122.15	71.25	196.40	18.00	0.236 4	98 370	895.6	2 000
150/8	18/3.20	1/3.20	444.76	8.84	152.30	16.00	0.198 9	32 860	461.4	2 000
150/20	24/2.76	7/1.85	145.68	18.82	164.50	16.67	0.198 0	46 630	549.4	2 000
150/25	26/2.70	7/2.10	148.86	21.25	172.11	17.10	0.193 9	54 110	601.0	2 000
150/35	30/2.50	7/2.50	147.20	34.36	181.62	17.50	0.196 2	65 020	676.2	2 000
185/10	18/3.60	1/3.60	183.22	10.18	193.40	18.00	0.157 2	40 880	584.0	2 000
185/25	24/3.15	7/2.10	187.04	24.25	211.29	18.90	0.154 2	59 420	706.1	2 000
185/30	26/2.98	7/2.32	181.34	29.59	210.93	18.88	0.159 2	64 320	732.6	2 000
185/45	30/2.80	7/2.80	184.73	43.10	227.83	19.60	0.156 4	80 190	848.2	2 000

标称截面铝/钢（mm²）	根数/直径（mm）		计算截面（mm²）			外径（mm）	直流电阻上限（Ω/km）	计算拉断力（N）	计算质量（kg/km）	交货长度下限（m）
	铝	钢	铝	钢	总计					
210/10	18/3.80	1/3.80	204.14	11.34	215.48	19.00	0.141 1	45 140	650.7	2 000
210/25	24/3.33	7/2.22	209.02	27.10	236.12	19.98	0.138 0	65 990	789.1	2 000
210/35	26/3.22	7/2.50	211.73	34.36	246.09	20.38	0.136 3	74 250	853.9	2 000
210/50	30/2.98	7/2.98	209.24	48.82	253.06	20.86	0.138 1	90 830	960.8	2 000
240/30	24/3.60	7/2.40	244.29	31.67	275.96	21.60	0.118 1	75 620	922.2	2 000
240/40	26/3.42	7/2.66	238.85	38.90	277.75	21.66	0.120 9	83 370	964.3	2 000
240/55	30/3.20	7/3.20	241.27	56.30	297.57	22.40	0.119 8	102 100	1 108	2 000
300/15	42/3.00	7/1.67	296.88	15.33	312.21	23.01	0.097 24	68 060	939.8	2 000
300/20	45/2.93	7/1.95	303.42	20.91	324.33	23.43	0.095 20	75 680	1 002	2 000
300/25	48/2.85	7/2.22	306.21	27.10	333.31	23.76	0.094 33	83 410	1 058	2 000
300/40	24/3.99	7/2.66	300.09	38.90	338.99	23.94	0.096 14	92 220	1 133	2 000
300/50	26/3.83	7/2.98	299.54	48.82	348.36	24.26	0.096 36	103 400	1 210	2 000
300/70	30/3.60	7/3.6	305.36	71.25	376.61	25.20	0.094 63	128 000	1 402	2 000
400/20	42/3.51	7/1.95	406.40	20.91	427.31	26.91	0.071 04	88 850	1 286	1 500
400/25	45/3.33	7/2.22	391.91	27.10	419.01	26.64	0.073 70	95 940	1 295	1 500

表 3-14　铝绞线主要技术参数（GB1179—83）

型号	标称截面（mm²）	根数/直径（mm）	计算截面（mm²）	外径（mm）	直流电阻上限（Ω/km）	计算拉断力（N）	计算质量（kg/km）	交货长度下限（m）
LJ-16	16	7/1.70	15.89	5.10	1.802	2 840	43.5	4 000
LJ-25	25	7/2.15	25.41	6.45	1.127	4 355	69.6	3 000
LJ-35	35	7/2.25	34.36	7.50	0.833 2	5 760	94.1	2 000
LJ-50	50	7/3.00	49.48	9.00	0.578 6	7 930	135.5	1 500
LJ-70	70	7/3.60	71.25	10.80	0.401 8	10 950	195.1	1 250
LJ-95	95	7/4.16	95.14	12.48	0.300 9	14 450	260.5	1 000
LJ-120	120	7/2.85	121.21	14.25	0.237 3	19 420	333.5	1 500
LJ-150	150	7/3.15	148.07	15.75	0.194 3	23 310	407.4	1 250
LJ-185	185	7/3.50	182.80	17.50	0.157 4	28 440	503.0	1 000
LJ-210	210	7/3.75	209.85	18.75	0.137 1	32 260	577.4	1 000
LJ-240	240	7/4.00	238.76	20.00	0.120 5	36 260	656.9	1 000

3）架空导线的排列

3～10 kV 架空配电线路的导线一般采用三角形或水平排列；多回路的导线宜采用三角、水平混合排列或垂直排列。

（1）相序排列。

高压架空配电线路导线的排列顺序为：

城镇：从建筑物向马路侧依次为 A、B、C 相。

郊外：一般面向负荷侧从左向右依次排列为 A、B、C 相。

（2）档距。

档距即相邻两杆塔间的水平距离。

10 kV 及以下架空配电线路的档距，应根据运行经验确定，如无行动资料时，一般采用表 3-15 中所列数值。10 kV 及以下耐张段（耐张段即是指相邻两个耐张杆间的区段）的长度不宜大于 2 km。

表 3-15　10 kV 及以下架空配电线路的档距（m）

地　区	档距	
	线路电压 3～10 kV 时	线路电压 3 kV 以下时
城　区	40～50	40～50
郊　区	50～100	40～60

（3）线间距离。

架空配电线路线间最小距离，如无可靠的资料时，应不小于表 3-16 中所列数值。同杆架设 10 kV 及以下双回线路或多回路的横担间最小垂直距离，不应小于表 3-17 中所列数值。

表 3-16　10 kV 及以下架空配电线路线间最小距离（m）

导线排列方式	档距（m）								
	40 及以下	50	60	70	80	90	100	110	120
采用针式绝缘子或陶瓷横担的 3～10 kV 线路	0.6	0.65	0.7	0.75	0.85	0.9	1.0	1.05	1.15
采用针式绝缘子的 3 kV 以下线路	0.3	0.4	0.45	0.5					

注：3 kV 以下线路，靠近电杆两侧导线间的水平距离不应小于 0.5 m。

表 3-17　10 kV 及以下架空配电线路的档距（m）

横担间导线排列方式	直线杆	分支或转角杆
3～10 kV 与 3～10 kV	0.80	0.45/0.60
3～10 kV 与 3～10 kV 以下	1.20	1.00
3 kV 以下与 3 kV 以下	0.60	0.30

3～10 kV 架空配电线路的过引线、引下线与邻相导线间的净空距离不应小于 0.3 m；1 kV 及以下，不应小于 0.15 m；3～10 kV 架空配电线路的导线与拉线、导线与电杆、导线与架构

间的净空距离不应小于 0.2 m；3 kV 以下时，不应小于 0.05 m。3~10 kV 架空配电线路的引下线与低压线路间的净空距离不宜小于 0.2 m。

（二）架空配电线路导线的接续

1. 导线接续的基础知识

电力架空线路导线的接续方法一般有钳压连接、液压连接和爆压连接。钳压连接是将导线插入钳接管（椭圆形接续管）内，用钳压器或导线压接机压接而成。钳压连接适用于铝绞线、铜绞线和 LGJ-25~LGJ-240 型钢芯铝绞线。液压连接与钳压连接相比，压接工具变成了液压钳，产生的压力更大，所用的接续管是圆筒形的铝接续管加钢接续管。一般用于 LGJ-240 型及以上、GJ-35~GJ-70 型、185 mm² 及以下的铝包钢绞线的直线接续、耐张线夹以及跳线线夹的连接等。爆压连接是利用炸药爆炸所产生的压力来施压于接续管，将各种导线连接起来。爆压连接要求是连接管与线股间紧密接触无间隙，同时又不能损伤内层钢芯，既符合电气要求，又需符合机械要求。所以，爆压连接要求高，有一定的危险性，但在时间上能达到快速施工的目的。

2. 导线接续的基本原则

（1）不同金属、不同规格、不同绞向的导线，严禁在同一档距内接续。

（2）在铁路、主要通航河流、重要的电力线路、一级通信线和一、二级公路等跨越档内不允许有接头。

（3）新建线路在同一档距中，每根导线只允许有一个接头。

（4）导线连接应牢固可靠，档距内接头的机械强度不应小于导线抗拉力强度的 90%。

（5）导线接头处应保证有良好的接触，接头处的电阻应不大于等长导线的电阻。

（6）输电线路接续管与耐张线夹之间的距离不应小于 15 m；与悬垂线夹中心点的距离不小于 5 m；配电线路接头与固定点不小于 0.5 m。

3. 导线接续的制作要求

（1）选择接续管型号与导线的规格要配套。

（2）压模数及压后尺寸应符合下列列表的规定。

（3）压接后导线端头露出长度不应小于 20 mm。

（4）压接后的接续管弯曲度不应大于管长的 2%，有明显弯曲时应用木锤校直。

（5）校直后的接续管不应有裂纹。

（6）压接后接续管两端附近的导线不应有灯笼、散股等现象。

（7）压接后接续管两端出口处、外露部分，应涂刷中性凡士林或防锈漆。

（三）导线在绝缘子上的绑扎固定

1. 基本要求

（1）施工前，根据技术要求核实并检查绝缘子及连接金具的规格型号与导线的规格型号、工具是否相符，确保安全。

（2）检查绝缘子的瓷质部分有无裂纹、硬伤、脱釉等现象；瓷质部分与金属部分的连接是否牢固可靠；金属部分有无严重锈蚀现象。

（3）高压针式绝缘子在横担上的固定必须坚固，且有弹簧垫。导线的绑扎必须牢固可靠，不得有松脱、空绑等现象。

（4）不合格的绝缘子、金具不得在线路中使用，使用连接金具连接时，应检查其有无锈蚀破坏，螺丝脱扣等现象。

（5）绑扎铝绞线或钢芯铝绞线时，应先在导线上包缠铝包带，铝包带宽为 10 mm，厚为 1 mm，其包缠长度应超出绑扎处两端各 20～30 mm。

（6）绑扎线的材料应与安装导线材料相同。但铝镁合金导线使用铝绑扎线时，铝绑扎线的直径应在 2.6～3.0 mm；使用铜绑扎线时，铜绑扎线的直径应在 2.0～2.6 mm。

（7）绑扎：对于直线杆，导线应安放在针式绝缘子的顶槽，顶槽应顺线路方向；水平瓷横担的导线应安放在端部的边槽上；直线角度杆，导线应固定在针式绝缘子转角外侧的颈槽上；终端杆，导线应固定在耐张绝缘子串上。

2. 工艺要求

（1）铝包带、绑扎线盘圆后应圆滑，铝包带、绑扎线上不能有硬折。

（2）铝包带应从导线与绝缘子接触的中间部位缠起，顺导线绞向向两侧缠，其缠绕长度为绑扎完毕后，露出绑扎线 20～30 mm。铝包带缠绕紧密、整齐、不叠压。

（3）绑扎线绑扎紧密、无间隙。

二、导线架设前的准备

（一）人员分工

表 3-18　人员分工

序号	项目	人数	备注
1	工作负责人	1	
2	操作	9	

（二）所需工机具

表 3-19　工机具清单

序号	名称	规格	单位	数量	备注
1	断线钳	大号	把	1	
2	卷尺	50 m	把	1	
3	吊绳	$\phi 12$，$L = 10$ m	根	3	
4	脚扣		副	3	
5	开口铝滑轮		套	1	$\phi_{滑轮} \geq 10\phi_{导线}$

序号	名称	规格	单位	数量	备注
6	紧线器		套	1	
7	绞磨（或卷扬机）		台	1	
8	牵引绳		根	1	紧线用
9	滑车组		套	1	
10	弛度板		套	2	
11	压接钳		个	1	
12	划印笔		只	1	
13	卷尺	2 m	把	1	
14	钢丝刷		把	1	
15	铝线切割器（或钢锯）		把	1	
16	锉		把	1	
17	记号笔		只	1	

注：开口塑料滑轮直径不应小于绝缘线外径的 12 倍，槽深不小于绝缘线外径的 1.25 倍，槽底部半径不小于 0.75 倍绝缘线外径，轮槽槽倾角为 15°。

（三）所需材料

表 3-20　材料清单

序号	名称	规格	单位	数量	备注
1	导线	LGJ-50	m	150	
2	耐张线夹	50 型导线用	个	6	
3	高压针式绝缘子		个	3	
4	铝包带	1×10 mm	卷	1	
5	绑扎线		m		按需量取
6	悬式绝缘子		片	12	
7	钳接管	同所接导线相	根	1	
8	钳接管	同所接导线相	套	1	含铝衬垫
9	导线	LJ-25	m		按需量取
10	砂纸	0 号	张	1	
11	汽油		kg	1	
12	电力脂或性凡士林		kg	0.5	
13	铝包带	1×10 mm	盘	1	
14	绑扎线				可用 LJ 线自制

三、导线接续

（一）铝绞线接续的制作要求

（1）选择钳压管型号与导线的规格要配套。铝绞线连接管各部尺寸如表3-21所示。

表 3-21　铝绞线连接管各部尺寸

型号	适用铝绞线		主要尺寸（mm）				重量（kg）
	截面（mm²）	外径（mm）	直径	长径	厚度	长度	
QL-16	16	5.1	6.0	12.0	1.7	110	0.02
QL-25	25	6.4	7.2	14.0	1.7	120	0.03
QL-35	35	7.5	8.5	17.0	1.7	140	0.04
QL-50	50	9.0	10.0	20.0	1.7	190	0.05
QL-70	70	10.7	11.6	23.3	1.7	210	0.07
QL-95	95	12.4	13.4	26.8	2.0	280	0.1.
QL-120	120	14.0	15.0	30.0	2.0	300	0.15
QL-150	150	15.8	17.0	34.0	2.0	320	0.16

（2）铝绞线压模数及压后尺寸应符合表3-22的规定。

表 3-22　铝绞线压模数及压后尺寸

铝绞线型号	模数	压后外径（mm）	a_1（mm）	a_2（mm）
LJ-16	6	10.5	28	20
LJ-25	6	12.5	32	20
LJ-35	6	14.0	36	25
LJ-50	8	16.5	40	25
LJ-70	8	19.5	44	28
LJ-95	10	23.0	48	32
LJ-120	10	26.0	52	33
LJ-150	10	30.0	56	34

（3）LJ-25导线连接时的压接位置及压接顺序如图3-12所示。

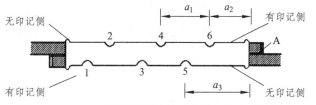

图 3-12　LJ-25 导线连接时的压接位置及压接顺序

A—绑线；1，2，…，6—压接顺序

（二）铝绞线连接的操作程序及要点

（1）检查钳接管型号与导线规格匹配，压接管有无变形、裂纹，长度是否符合规定。检查压接钳机械或液压钳是否正常，压模型号与压接管是否匹配。

（2）压接前压接管用镀锌铁线裹纱头，以气油将压接管内壁清洗干净。

（3）用划印笔在压接管上按规定压模模数及尺寸做好压接印记，并编号。

（4）导线端部绑扎后用钢丝刷刷去导线表面污垢，用 0 号砂纸砂平整，并用汽油擦洗擦干，洗擦长度为压接管长的 1.25 倍，然后涂一层中性电力脂或性凡士林，再用钢丝刷刷去导线表面的氧化层。注意：电力脂或性凡士林不应清除。

（5）将净化且除去氧化层后的铝绞线分别从压接管两端的无印记侧穿入压接管中。注意：线头两端外露 30～50 mm。

（6）选择使用机械或液压钳，配好与连接导线合适的压模。再次检查压接管导线穿入方向正确后，即可将导线钳接管放入压模内进行压接操作。

① 铝绞线连接管的压接应从一端有印记的一侧开始，按图 3-12 所示的压接顺序，由 1 到 6 依次向另一端上下交替钳压。注意：每模压到位后应停留 30 s 后再松模。

② 禁止不按顺序跳压。

③ 压接完毕并校直后，用木锤将压接管敲直，注意：不能损伤压接管。

（三）钢芯铝绞线钳压连接的制作要求

（1）选择钳压管（外形见图 3-13，各部尺寸见表 3-23）型号与导线的规格要配套。

图 3-13　钳压管和铝垫片

表 3-23　钢芯铝绞线连接管各部尺寸

型号	适用铝绞线		主要尺寸（mm）				衬垫尺寸（mm）		重量（kg）
	截面（mm²）	外径（mm）	直径	长径	厚度	长度	宽度	长度	
QLG-35	35	8.4	9.0	19.0	2.1	340	8.0	350	0.174
QLG-50	50	9.5	10.5	22.0	2.3	420	9.5	430	0.244
QLG-70	70	11.4	12.5	26.0	2.6	500	11.5	510	0.280
QLG-95	95	13.7	15.0	31.0	2.6	690	14.0	700	0.580
QLG-120	120	15.2	17.0	35.0	3.1	910	15.5	920	1.020
QLG-150	150	17.0	19.0	39.0	3.1	940	17.5	1 250	1.236

（2）钢芯铝绞线钳压连接的压模数及压后尺寸应符合表 3-24 的规定。

表 3-24　钢芯铝绞线钳压连接压模数及压后尺寸

钢芯铝绞线型号	模数	压后外径（mm）	a_1（mm）	a_2（mm）
LGJ-25/4	14	14.5	32	15
LGJ-35/6	14	17.5	34	42.5
LGJ-50/8	16	20.5	38	48.5
LGJ-70/10	16	25.0	46	54.5
LGJ-95/20	20	29.0	54	61.5
LGJ-120/20	24	33.0	62	67.5
LGJ-150/20	24	36.0	64	70
LGJ-185/25	26	39.0	66	74.5

（3）LGJ-95 导线连接时的压接位置及操作程序，如图 3-14 所示。

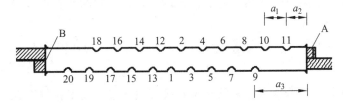

图 3-14　LJ-95/20 导线连接时的压接位置及压接顺序

A—绑线；B—垫片；1，2，3，…，20—压接顺序

（四）钢芯铝绞线连接的操作程序及要点

（1）检查压接管型号与导线规格是否匹配，压接管有无变形、裂纹，长度是否符合规定。检查压接钳机械或液压钳是否正常，压模型号与压接管是否匹配。

（2）压接前压接管用气油将压接管内壁清洗干净，压接条清洗干净。

（3）压接管按规定压模模数及尺寸用划印笔做好压接印记并编号。

（4）导线端部绑扎后用钢丝刷刷去导线表面污垢和氧化层，用 0 号砂纸砂平整，并用汽油擦洗擦干，洗擦长度为管长的 1.25 倍，然后涂一层中性电力脂或凡士林，再用钢丝刷刷去导线表面的氧化层。注意：电力脂或性凡士林不应清除。

（5）将净化、除氧化层后的钢芯铝绞线分别从压接管两端的无印记侧穿入压接管中，同时垫好衬条，线头端露出 30~50 mm。注意：连接后端头的绑线应保留。

（6）选择使用机械或液压钳，配好与连接导线合适的压模。再次确认压接管导线穿入方向正确后即可将导线压接管放入压模内进行压接操作。

①　钢芯铝绞线连接管的压接应从中间开始，依次向一端上下交替钳压完成后，再从中间向另一端上下交替钳压，如图 3-14 所示的从 1 到 20 依次钳压。每模压到位后应停留 30 s 后才松模。

② 禁止不按要求顺序跳压。

③ 压接完毕并校直后，用木锤将压接管敲直，注意防止损伤压接管。

（7）检查钳压连接的压口数及压后尺寸应符合标准规定，允许误差 ± 0.5 mm。
LGJ-50 导线压接完成后的实物如图 3-15 所示。

图 3-15 LGJ-50 导线压接完成后的实物

四、导线架设

（一）放线前的准备

1. 概 述

（1）了解线路情况和施工方法。

（2）清理道路，消除放线障碍。对必经过的易损坏导线的坚石地段和尖利杂物地区，应采取防护措施以保护地线。

（3）清点和检查工具。放线采用开口铝滑轮，所先用的放线滑轮直径应为导线直径的 10 倍以上。

（4）依据耐张段长度选择放、紧线场地；按导线线盘长度安排好安放位置，同时做好导线接头所用工具材料的准备工作。

（5）考虑到地形与弧垂的影响，一般布线长度应比耐张段长度增加 5%左右。

（6）布线时还应考虑到：导线接头的位置应离开耐张线夹或悬垂线夹，跨越档内不准有接头。

（7）在线路经过的铁路、公路、河流及与弱电线路交叉处，应搭设越线架。

跨越通航河道时，应向航道管理部门申请封航施工。应事前做好有关电力线停电及交通指挥的联系工作。

2. 放线的准备工作

放线前应检查导线的规格、型号是否与设计要求相一致，有无严重的机械损伤，如断线、破损、背股等情况，特别是铝线，还应观察有无严重腐蚀现象。

导线损伤达到下列情况之一时，必须锯断重接：

（1）在一个补修金具的有效补修长度范围内，单金具绞线超过总截面的 17%，钢芯铝绞线超过总截面的 25%，或损伤截面在允许范围内，其修补长度超过一个修补管的范围。

（2）钢芯铝绞线的钢芯断股。

（3）金勾、破股已使钢芯或内层线股形成无法修复的永久变形。

导线损伤在表 3-25 范围内，允许缠绕或以修补金具修补处理。

表 3-25　导线损伤允许缠绕或修补的标准

处理方法	钢芯铝绞线	单金属绞线
缠绕	在同一截面处铝股损伤面积超过导电部分总截面5%，而在7%以内	在同一截面处损伤面积超过总截面的5%，而在7%以内
修补金具补修	在同一处铝股损伤面积占铝股的总面积的7%以上，而在25%以下	在同一截面处损伤面积超过总截面的7%以上，而在17%以下

缠绕或修补时，导线损伤部分应位于缠绕束或修补金具两端各 20 mm 以内。

导线受损的影响：

① 导线受伤在运行中易产生电晕，电晕造成损耗，干扰弱电。

② 受伤后的导线会降低机械强度，在运行中易断线。

③ 导线受伤后会降低截面积，减少输送负荷，且受伤处因截面积变小而使其电阻加大，温度升高，受力后又易被拉长，因而形成恶性循环。

3. 线轴布置

线轴布置应根据节省劳动力和减少导线接头的原则，按耐张段布置。布置时应注意以下几点：

（1）交叉跨越档距中不得有接头。

（2）线轴放在同一耐张段处，可由一端展放，或在两端放线轴，以人力或机械来回带线。

（3）架设的线轴应水平，线轴转动应灵活。

（4）放置线轴时，必须设置制动装置控制线轴的转动速度。

（5）安置线轴时，导线的出线头应在线轴下方引出（上端引出线头时线轴不稳），对准拖线方向。

4. 安装放线滑轮

放线滑轮采用螺栓固定在角钢横担上，架空导线的放线滑轮直径不应小于导线直径的 10 倍。放线滑轮在使用前应先检查，并确保转动灵活。

5. 放线通信联系

放线的通信联系极为重要，利用无线对讲机作为通信联系，确保通信畅通。

（二）放　线

选择气候干燥、无大风、气温正常的晴好天气放线。放线的方法有地面放线和张力放线。张力放线施工法是保证在放线的过程中导线不落地，其施工工艺较复杂，在配电线路施工中用的较少。

1. 放线的组织工作

为了确保放线工作的顺利进行和人身、设备的安全，应做好组织工作。对于下述工作岗位，应指定专人负责，并将具体工作任务交代清楚。

（1）每个线轴的看管。

（2）每根导线拖线时的负责人。

（3）每基杆塔的监护。

（4）各重要交叉跨越处或越线架处的监视。

（5）沿线通信负责人。

（6）沿线检查障碍物的负责人。

2. 放线作业

（1）放线架应牢固，出线头应从线轴的下方抽出，线轴处应设专人负责指挥和看护，若有导线质量问题，如磨伤、散股和断线等应立即停止放线，待处理后继续进行。

（2）导线经过地区要清除障碍，在岩石等坚硬地面处，应垫垫子和稻草等物，以免磨伤导线。

（3）在放线过程中应设专人监护，防止导线出现磨伤、金钩、断股等，如发现上述情况，应及时发出信号，停止牵引，并标明记号进行处理。

（4）在每基电杆上应安装铝制滑轮，将导线放在轮槽内，以利滑动，避免磨损。

（5）在每基杆位应设专人监护，注意滑轮转动是否灵活，导线有无掉槽现象，压接管通过滑轮是否卡住。

（6）放线有人力、畜力和机械放线三种方法。人力牵引导线放线时，拉线人之间要保持适当的距离，以不使导线拖地为宜。领线人应对准前方，不得走偏，每相线不得交叉，随时注意信号，控制拉线速度。放线速度要尽量均匀，不应突然加快，以防线架倾倒。

（7）牵引导线到一杆塔处时，应越过杆塔一定距离后停止牵引，将导线用绳索吊起放入放线滑轮内，再继续向前牵引拖放线。

（8）放线过程中如出现导线卡滞现象，护线人员应在线弯外侧用大绳处理，不能用手推拉，否则会出现危险。

（9）放线的顺序是先上层导线后下层导线，特别注意放线后导线不得相互交错。

（10）当线盘上导线放到只剩几圈时，应暂停牵引，由线轴监护人员转动线盘将余线放出。

张力放线：在展放中始终承受到较低的张力，在空中牵引，可避免导线与地面的摩擦及损伤地面农作物，提高工效，减少劳动力，降低成本。

采用机械牵引导线时，牵引钢丝绳与导线连接的接头通过滑车时，应设专人监视，牵引速度不超过 20 m/min。

3. 放线安全注意事项

（1）放导线等重大施工项目，应制订安全技术措施。

（2）放线时，应设专人统一指挥，统一信号，紧线工具及设备应良好。

（3）放线时，要一条一条地放，不要使导线出现磨损、断股和死弯。若出现此现象，应及时做出标记，以便处理。

（4）放线时若需跨过带电导线时，应将带电导线停电后再施工，如停电困难时，可在跨越处搭跨越架子。如跨公路放线时，要有专人观察来往车辆，以免发生危险。

（三）紧　线

紧线是将展放在放线滑轮上的导线按照设计弧垂拉紧。

1. 紧线方法

1）单线法

即一次紧一根线的方法。当导线截面较小而且耐张段不长的情况下，可采用人力、畜力作为牵引动力。其施工方法简单，但施工进度慢，紧线时间较长。

2）二线法

即一次同时紧两根线。

3）三线法

即一次同时紧三根线。

二线法和三线法的优点是施工进度快，但需要的施工工具多，准备时间长，目前试验的效果也不是太好，所以，现场很少采用。

紧线的程序是：从上到下，先紧中间，后紧两边。

2. 紧线前的准备

1）杆塔临时补强

紧线耐张段两端的耐杆塔均需在横担挂线处安装临时补强拉线。

2）紧线前的准备工作

（1）重新检查、调整紧线耐张段两端耐杆塔的临时补强拉线，以防杆塔受力后发生倒杆事故。

（2）全面检查导线的连接及补修质量，确保符合规定。

（3）在紧线区间未清除的障碍物（如房屋、树木等），应全部清除。

（4）确定观察弧垂档，观察弧垂人员均应到位，并做好观察准备。

（5）保证通信畅通，全部通信人员和护线人员均应到位，以便随时观察导线情况，防止导线因卡在滑轮中而被拉伤或拉偏横担，甚至出现断线或倒杆事故。

（6）在地面放线越过路口处时，有时会将导线临时埋入地下或用支架将其悬在空中，在紧线前一定要将其挖出或脱离支架。

（7）冬季施工时，应检查导线通过水面的区段是否被冻结。

（8）逐基检查导线是否悬挂在滑轮槽内。

（9）牵引设备和所用的紧线工具是否已准备就绪。

（10）所有交叉跨越线路的措施是否都稳妥可靠，主要交叉处有无专人照管。

3. 紧线操作流程

（1）线路较长，导线截面比较大时，可利用绞磨或卷扬机进行紧线。

① 将缠铝包带的导线与放线终端杆横担上预先安装好的耐张绝缘子串连接固定好。

② 导线的另一端由牵引绳上的紧线夹握紧，在导线夹握紧处应缠麻布保护，以免损坏导线。

③ 一切就绪后，开动牵引设备将导线慢慢收紧。注意紧线时应听从统一指挥，明确松紧信号，当导线收紧到一定程度时，即接近观察弧垂时，减慢牵引速度，一边观察弧垂一边牵引。待弧垂符合设计要求时，即可停止紧线。

④ 将已拉紧的导线缠好铝包带，装上耐张线夹，与已组合好的绝缘子串连接，之后，慢慢松钢丝绳，使导线处于自由拉紧状态。所有导线装好后，最后再检查一次弧垂，若无变动，则紧线工作完成。

（2）对于一般中小型铝绞线或钢芯铝绞线可用紧线器紧线。

① 将缠铝包带的导线与放线终端杆横担上预先安装好的耐张绝缘子串连接固定好。

② 用人力初步拉紧。

③ 一切就绪后，即可分别用紧线器将横担两侧的导线同时慢慢收紧，以免横担受力不均匀而歪斜。当导线收紧到一定程度时，即接近观察弧垂时，减慢紧线速度，一边观察弧垂一边紧线。待弧垂符合设计要求时，即可停止紧线。

④ 将已拉紧的导线缠好铝包带，装上耐张线夹，与已组合好的绝缘子串连接。之后，慢慢松钢丝绳，使导线处于自由拉紧状态。所有导线装好后，最后再检查一次弧垂，若无变动，则紧线工作完成。

4. 观察弧垂

1）观察弧垂档的确定

（1）紧线段在 5 档及以下时靠近中间选择一大档距。

（2）在 6～12 档时靠近两端各选择一大档距作为观测挡，但不宜选择有耐张杆的档距。

（3）在 12 档以上时靠近两端及中间各选择一大档距作为观测档。

（4）观测档宜选择档距较大和悬挂点高差较小及接近代表档的线档。

（5）弧垂观测档的数量可以根据现场条件适当增加，但不得减少。

（6）观测档位置应分布应比较均匀，相邻观测档间距不宜超过 4 个线档。

（7）观测档应具有代表性，如连续倾斜档的高处和低处，较高的悬挂点的前后两侧，相邻紧线段的结合处，以及重要的跨越物附近的线档应设观测档；

（8）宜选择对邻线档监测范围较大的塔号作测站，不宜选邻近转角塔的线档作观测档。

2）观察弧垂

（1）平行四边形法观察弧垂，又称等长法，如图 3-16 所示。

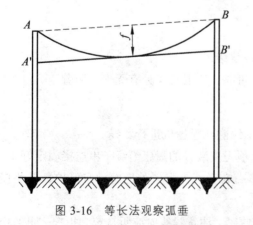

图 3-16　等长法观察弧垂

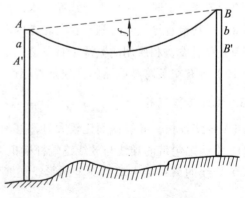

图 3-17　异长法观察弧垂

从观测档的二悬挂点沿电杆向下量取现气象条件下该档距的弧垂 f（一般可通过查表或查曲线取得）得两点，再将弛度板分别安置于此两点 A' 和 B' 处。观察人员在杆上目测弛度板，在收紧导线时，当导线最低悬点与二弧垂板观察点在一条直线上时，即可停止紧线，导线的弧垂即为观察弛度 f。

（2）异长法观察弧垂，如图 3-17 所示。此方法适用于导线悬挂点不等高的地段，其方法是：查弧垂表找出弧垂值，因导线悬挂点有高差，弧度板的数值可通过下式计算

$$2\sqrt{f} = \sqrt{a} + \sqrt{b} \tag{3-1}$$

给 a 一个近似于弧垂的值，即可通过公式（3-1）求得一个 b 值。

3）紧线的安全措施

（1）紧线时，任何人不得在悬空的导线下停留，必须待在导线 20 m 以外。

（2）收紧导线升空时，操作压线滑轮（放线过程中压上扬的导、地线）使导线慢慢上升，避免导线突然升空引起导线较大波动，发生跳槽现象。

（3）在紧线过程中随时监视地锚、杆塔、临时拉线是否正常，如有异常现象，应立即停止紧线或回松牵引，以免发生倒杆断线事故。

（4）工作人员未经工作领导人同意，不得擅自离开工作岗位。

4）紧线注意事项

（1）对于耐张段较短和弧垂档，紧线时导线拉力较大，因此应严密监视各杆是否有倾斜变形现象，如发生倾斜应及时调整。

（2）导线和紧线器连接时，导线如有走动，在放置紧线器时，可在导线上包上一圈包布，增加摩擦系数和握力。

（3）当导线离地面后，如导线上挂有杂草、杂物等应立即清除；交通繁忙、行人频繁的地段、路口，应派专人监护，采用围红白带、围栏等措施，以免紧线时伤害行人或影响交通，甚至造成交通事故。

五、在中压针式绝缘子上固定导线

如是直线杆，将导线从开口滑轮中取出放于针式绝缘顶槽内。如是转角杆，则将导线从开口滑轮中取出放于针式绝缘子线路外侧的边槽上。

（一）绑扎前的准备

（1）用记号笔标记导线与绝缘子接触的中间部位，测量铝包带需包缠导线的长度。

（2）选取材料：铝包带选用 10 mm 宽，1 mm 厚，绑扎线与导线规格相同（也可用 LJ 线自制绑扎线）。

（3）找出铝包带中间点，将铝包带从两端成盘圆滑、大小适中的"⦾⦿"形双圈绑扎成线盘圆滑、大小适中的单圈，并留一个短头，其长度约为 250 mm。如"◎"形。

（二）缠铝包带

从导线的标记处向两端开始顺线绕向紧密缠绕铝包带。长度露出绑扎处 20 ~ 30 mm。

（三）导线在高压针式绝缘子顶上的绑扎操作

（1）把导线嵌入绝缘子顶部线槽内，如图 3-18 所示。

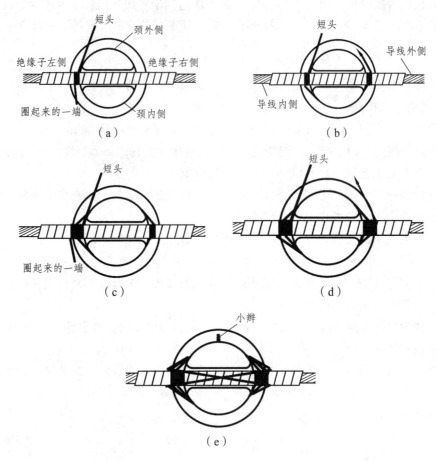

图 3-18　导线在针式绝缘子顶上的绑扎固定

（2）用盘好的绑扎线短头在绝缘子左侧导线上缠绕三圈，其方向是从导线外侧，经导线上方绕向导线内侧。绑扎短头位置应靠近绝缘子，如图 3-18（a）所示。

（3）用盘起来的绑扎线从绝缘子颈部外侧绕到绝缘子左侧的导线上绑 3 圈，其方向是从导线下方经外侧绕向导线上方，如图 3-18（b）所示。

（4）再将绑扎线从绝缘子颈部内侧绕到绝缘子右侧的导线上再绑 3 圈，其方向是由导线下方经外侧绕到导线上方，如图 3-18（c）所示。

（5）之后将绑扎线从绝缘子颈部外侧绕到绝缘子左侧的导线上再绑 3 圈，其方向是从导线下方经外侧绕向导线上方，如图 3-18（d）所示。

（6）之后再将绑扎线从绝缘子颈部内侧绕到绝缘子右侧导线下面，并从导线外侧上来，经过绝缘子顶部叉压在导线上，如图 3-18（e）所示。

（7）从绝缘子左侧导线外侧绕到绝缘子颈部内侧，并从绝缘子右侧导线的下侧经导线内侧上来，经过绝缘子顶部交叉在导线上，此时在绝缘子顶部形成一个十字叉压在绝缘子上面的导线上，如图 3-18（e）所示。

（8）重复（6）和（7），在绝缘子顶部形成一个十字叉压在绝缘子上面的导线上；

（9）最后把绑扎线从绝缘子右侧导线导线下方经绝缘子颈部外侧绕到绝缘子右侧导线下方，与绑扎线另一端的短头在绝缘子颈部内侧中间扭绞成 2～3 圈的麻花小辫，余线剪去，将麻花小辫顺绝缘子颈部压平，如图 3-16（e）所示。

（四）导线在高压针式绝缘子颈侧的绑扎操作

与在顶槽上的绑扎方法相似，左 3（左侧绕 3 圈），侧绑两个十字花，右 3 左 3 再右 3，端头扭辫剪余压平即可。

思考与练习

一、填空题

1. 常用的导线材料有（　　　　），（　　　　）是比较理想的导电材料。

2. 高压架空电力线路一般都是由裸导线敷设的，根据其结构可分为（　　　　）导线、（　　　　）导线和（　　　　）导线。

3. 3～10 kV 架空配电线路的导线一般采用（　　　　）或（　　　　）排列；多回路的导线宜采用（　　　　）、（　　　　）混合排列或（　　　　）排列。

4. 高压架空配电线路导线在城镇区域的相序排列顺序为：从建筑物向马路侧依次为（　　　　）相。

5. （　　　　）连接适用于 LJ 线、TJ 线和 LGJ-25～LGJ-240 型钢芯铝绞线的接续。

6. 导线接头处应保证有良好的接触，接头处的电阻应不大于（　　　　）长导线的电阻。

7. 选择接续管型号应与（　　　　）的规格配套。

8. 压接后的接续管弯曲度不应大于管长的 2%，有明显弯曲时应用（　　　　）锤校直。

9. 压接后接续管两端出口处、外露部分，应涂刷（　　　　）或（　　　　）。

10. 高压针式绝缘子在横担上的固定必须（　　　　），且有（　　　　）垫。导线的绑扎必须牢固可靠，不得有（　　　　），（　　　　）等现象。

11. 绑扎线的材料应与安装导线材料（　　　　）。绑扎铝绞线或钢芯铝绞线时，应先在导线上包缠（　　　　），其包缠长度应超出绑扎处两端各（　　　　）mm。

12. 对于直线杆，导线应安放在针式绝缘子的（　　　　）槽，（　　　　）槽应顺线路方向；直线角度杆，导线应固定在针式绝缘子转角（　　　　）侧的（　　　　）槽上；终端杆，导线应固定在（　　　　）上。

13. 铝包带应从导线与绝缘子接触的（　　　　）部位缠起，（　　　　）导线绞向向两侧缠，其缠绕长度为绑扎完毕后，露出绑扎线 20～30 mm 为宜。铝包带缠绕应（　　　　）。

二、简答题

1. 您所了解的架空导线的材质有哪些？各用在哪里？

2. 请画图说明 LGJ 线的钳压连接方法和注意事项。

3. LJ 线和 LGJ 线钳压连接操作要点有何异同？为什么？

4. 请简述人工架设中压配电线路导线的作业流程，总结人工放线的操作要点。

第四章　高压电力配电线路施工

课题一　金属杆现浇混凝土基础施工

【学习目标】

（1）学会搜集有关混凝土基础施工方面的资料。

（2）能按规程要求完成混凝土基础施工，并达到规范要求的质量标准。

（3）养成规范操作、良好沟通的习惯，能与团队共同解决实际问题。

【知识点】

（1）杆塔构件组装的基本要求。

（2）混凝土基础的配合比。

【技能点】

（1）横担安装。

（2）掌握混凝土基础施工的操作要点。

（3）能编制出最佳的施工工序，能举一反三。

【学习内容】

一、基础知识

（一）混凝土基础的类型

混凝土基础一般有现场浇筑式和预制装配式。现场浇筑混凝土基础是电力线路金属杆基础的主要类型之一，这类基础的施工在基础施工中占有很重要的地位。

现场浇筑的混凝土基础，有纯混凝土基础和钢筋混凝土基础两种。每基杆塔基坑的数量及相互位置，取决于杆塔类型。一般主基础坑的数量有 1 个至 4 个不等。施工的主要程序为：基础定位、基坑开挖、模板安装、钢筋骨架加工和安放、搅拌及浇筑混凝土、混凝土养护、拆除模板、回填土等。

（二）混凝土基础定位

1. 钢管杆基础坑定位划线

钢管杆基础类型有：① 钢套筒式基础，适用于钻孔难以成型的软质地基；② 直埋式基础，适用于钻孔或开挖容易成型的地基；③ 钻孔灌注桩基础，适用地质条件较差的地基；④ 预制桩基础，预制桩一般有钢桩及混凝土桩，适用于钻孔、掏挖均难以成型且承载力很低的地基情况；⑤ 台阶式基础，主要用于开挖比较容易的地区；⑥岩锚基础适用于岩石地基。其中台阶式基础属于开挖式现场浇筑混凝土基础。

钢管杆基础坑定位划线，在杆位中心安装经纬仪，前视或后视钉二辅助桩 A、B，相距 2～5 m，供底盘找正用或正杆用，按分坑尺寸在中心桩前后左右各量好尺寸，画出坑口线，并在四周钉桩 1、2、3、4，如图 4-1 所示。

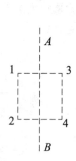

图 4-1　钢管杆台阶式基础坑定位划线

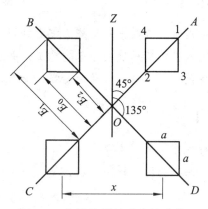

图 4-2　方形铁塔基础分坑定位

2. 方形铁塔基础定位划线

在图 4-2 中先求出 E_0、E_1、E_2 数值。

$$E_0 = \frac{1/2x}{\sin 45°} = \frac{\sqrt{2}}{2}x \tag{4-1}$$

$$E_1 = \frac{1/2(x+a)}{\sin 45°} = \frac{\sqrt{2}}{2}(x+a) \tag{4-2}$$

$$E_1 = \frac{1/2(x-a)}{\sin 45°} = \frac{\sqrt{2}}{2}(x-a) \tag{4-3}$$

式中，x 为基础根开；a 为基础坑口边长；E_2 为中心距基础近角点长度。

经纬仪放在基础的中心 O 点，前视线路中心桩转 45°，在此方向上测出 A 点；倒镜定出 C 点；再旋转 90°定出 D 点；倒镜定出 B 点。并在 A、B、C、D 四点打桩，作为基坑开挖、模板安装和混凝土浇筑检查用的测量控制桩。

在 OD 方向线上从 O 点起量出水平距离 E_1、E_2，得基础顶角 1 和 2 两点；取基础边长的 2 倍即 $2a$ 长的测量绳，使其两端分别与 1、2 两点重合，从其中点将绳分别向两侧拉紧，即可得到 3、4 两点。同理可得画出另外 3 个坑口线。

3．矩形铁塔基础定位划线

设 x 为横向线路基础根开，y 为纵向线路基础根开，a 为基础坑口边长，以 D、O 点至近坑角为 E_2，中心点为 E_0，远角点为 E_1 距基。根据图 4-3 计算出

$$E_0 = \frac{1/2y}{\sin 45°} = \frac{\sqrt{2}}{2}y \tag{4-4}$$

$$E_1 = \frac{1/2(y+a)}{\sin 45°} = \frac{\sqrt{2}}{2}(y+a) \tag{4-5}$$

$$E_1 = \frac{1/2(y-a)}{\sin 45°} = \frac{\sqrt{2}}{2}(y-a) \tag{4-6}$$

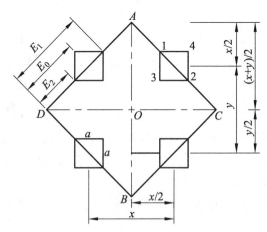

图 4-3　矩形铁塔基础分坑定位

分坑时将经纬仪放在塔位中心桩 O 点上，前后视线路中心桩，沿此方向水平距离 $(x+y)/2$ 分别得 A、B 两点，旋转 90°前后视以同样的距离得 C、D 两点，即得 A、B、C、D 四个测量控制桩。再从 D 点起在 DA 方向上量出水平距离 E_1、E_2，分别得出基础顶角 1 和 2 两点；取基础边长的 2 倍即 $2a$ 长的测量绳，使其两端分别与 1、2 两点重合，从其中点将绳分别向两侧拉紧，即可得到 3、4 两点。同理可得画出另外 3 个坑口线。

（三）混凝土基坑开挖

1．开挖方法

基坑开挖的方法随着杆塔所处地区的土壤地质情况而异，主要有人工开挖和机械开挖。对于小型基础一般采用人工开挖，大型基础一般采用机械开挖。对一般土壤，可按一定坡度直接开挖。对于泥水坑或流沙坑要采取防水和防塌方的措施。

2．普通混凝土基础坑和接地沟开挖

（1）杆塔基础的坑深应以设计施工基面为基准。当设计施工基面为零时，杆塔基础坑深应以设计中心桩处自然地面标高为基准。

（2）基坑开挖时，如发现地基土质与设计不符时，应及时通知设计及有关单位处理。

（3）人工开挖时，坑壁宜留有适当坡度，坡度的大小应视土质特性、地下水位和挖掘深度等确定。预留坡度参照表如表4-1所示。

表4-1　各类土质的坡度

土质类别	砂土、砾土、淤泥	砂质黏土	黏土、黄土	硬黏土
坡度	1∶0.75	1∶0.5	1∶0.3	1∶0.15

（4）坑口边0.8 m范围内，不得堆放余土、材料、工器具等。易积水或冲刷的杆塔基础，应在基坑的外围修筑排水沟。

（5）混凝土基础坑深允许偏差位＋100～－50 mm，坑底应平整。同基基础在允许偏差范围内按最深基坑操平。

（6）杆塔基础坑深与设计坑深偏差大于＋100 mm时，其超深部分应铺石灌浆。

（7）接地沟开挖的长度和深度应符合设计要求并不得有负偏差，沟中影响接地体与土壤接触的杂物应清除。

3．注意事项

（1）基坑开挖时，杆塔中心桩及各测量控制桩应保持完好，不得碰动、挖掉或掩埋。

（2）挖坑时如发现地基上土质与原设计不同，或坑底发现天然孔洞、管道等应及时通知设计及有关单位研究处理。

（3）杆塔基坑的深度，应以施工图的施工基面为起算面，拉线坑的坑深则以拉线坑中心地面标高为起算面。

（4）基础坑挖完后，应进行坑底标高的测量，以检查坑底是否满足设计要求。

（四）混凝土基础模板安装

安装模板是浇筑混凝土基础前的主要工序。模板的安装质量决定了基础位置和质量，模板安装不好，可能会导致基础报废。因此，一定要严格按标准执行。

先测定底座模板位置，再测定立柱模板位置，最后在浇灌好底模板部分混凝土或钢筋混凝土后，操平地脚螺栓即可。

注意：模板要用具有一定强度且较经济的材料制作，结构简单，强度均匀，尺寸准确，便于安装、拆卸和搬运，而且能够套用。支撑要稳固，不能松动、弯曲、变形或沉降。

1．方形塔基础

1）测定底座模板位置

在基坑坑底操平后，将经纬仪置于杆塔中心桩 O 点处，在基础对角线方向分别钉4个辅助桩 A、B、C、D，再在基础对角线位置上钉一小铁钉，用线绳拉成十字叉。再用钢尺沿线绳从中心桩 O 点量出根开对角线长度的一半 E_0 处，也就是基础桩中心处，做好标记，并在此处悬挂线坠。移动并调整底模中心使之与线坠中心重合，低模的内外现两直角顶点与基础对角线重合，也就是与辅助桩对角绳连接线重合。最后将底座模板四角操平即可。

2）测量立桩模板位置

立桩模板下口中心位置与底座模板中心位置重合，位置确定后用撑木固定，然后再调整立柱模板上口位置。调整方法与底座模板基本相同，只是上口不用木板固定，而是调整撑木迫使上口中心与线坠中心重合，上口内角顶点与基础对角线重合。

模板支完后，要检查立柱模板的垂直度，4 个基础底座模板中心的相互距离、对角线距离以及基础顶面高差等是否与规定的数据相符。

3）操平找正地脚螺栓

地脚螺栓是连接铁塔和基础的关键构件，地脚螺栓的相互距离以及高差必须符合要求，因此必须操平找正。最常用的方法是样板法。

利用两条按地脚螺栓规格及相互距离做一样板，在样板上画出中心线，中心线的交点对应基础中心。将地脚螺栓套入样板孔内，并将样板放在模板上，利用辅助桩对角线连接绳以及根开对角线长度的半数来控制样板的位置。或将经纬仪置于杆塔中心桩上，前后视线路中心桩后，旋转 45°、135°，测出基础对角线的方向，使 4 个样板的中心线都在各自的半对角线上，然后再用钢尺量出各个基础地脚螺栓以及 4 个基础的地脚螺栓相互间的距离，使各项尺寸均符合设计图纸要求。最后，将样板固定在立柱模板上。

样板固定后要测量 4 个基础的地脚螺栓的高差，使之在同一水平面上；同时检查地脚螺栓是否垂直，然后按基础立柱标高，测量出立柱基础面位置并做好标记。

2. 矩形塔基础

因矩形塔的 4 个基础的两个对角线相互不垂直，因此，不能用对角线法，而是采用半根开法。

1）模板找正

经纬仪置于杆塔中心 O 点，调好前后视线路中心桩后，旋转 90°，在此方向上分别前视、后视，用钢尺量出横向半根开的距离 $x/2$，分别钉两个辅助桩 O_1 和 O_2，并在该二桩上钉上小钉，以使位置更精准。之后，将经纬仪移至 O_1 桩，对准 O_2 桩，再旋转 90°，在此方向上分别前视、后视，用钢尺量出纵向半根开的距离 $y/2$，得二辅助桩 A 和 B，并在该二桩上钉上小钉；同理，量出另外二辅助桩 C 和 D，并在桩上钉上小钉。在虚线路方向的两个辅助桩间各拉上线绳，从 O_1 和 O_2 点按侧面半根开尺寸在两绳上做出个标印，用线坠如方形塔的方法一样找出基础主柱中心，将模板支好。

2）操平找正地脚螺栓

将地脚螺栓套入样板孔内，并将样板放在立柱模板上，将经纬仪置于杆塔中心桩上，用经纬仪、钢尺量出各个基础地脚螺栓以及 4 个基础的地脚螺栓相互间的距离，使各项尺寸均符合设计图纸要求。最后，将样板固定在模板上。

（五）混凝土基础浇筑

1. 混凝土配合比设计依据

混凝土配合比应根据设计规定的混凝土强度等级用所供水泥、骨料情况，按《混凝土结构工程施工质量验收规范》《普通混凝土配合比设计规程》进行设计。

2. 混凝土配合比设计原则与试验确定

（1）配制强度。计算公式为

$$p_0 = p_k + 1.645\sigma \qquad (4\text{-}7)$$

式中　p_0——为混凝土施工配制强度，单位符号为 N/mm²。

　　　　p_k——为设计的混凝土强度标准值，单位符号为 N/mm²。

　　　　σ——混凝土强度标准差，单位符号为 N/mm²。

（2）标准差 σ 值。由于电力线路分散作业，标准差 σ 取值参照表 4-2 规定值。

表 4-2　标准差 σ 取值表

混凝土强度等级	低于 C20	C20～C35	高于 C35
σ（N/mm²）	4.0	5.0	6.0

（3）普通混凝土最大水灰比和最小水泥用量应符合表 4-3 规定。

表 4-3　普通混凝土最大水灰比和最小水泥用量

普通混凝土所处的环境条件	最大水灰比	最小水泥用量（kg/m³）	
		配筋	无筋
不受雨雪影响的混凝土	不限制	250	200
① 受雨雪影响的露天混凝土； ② 位于水中或在水位升降范围内的混凝土； ③ 在潮湿环境中的混凝土	0.7	250	225
① 寒冷地区水位升降的混凝土； ② 受水压作用的混凝土；	0.65	275	250
严寒地区水位升降范围的混凝土	0.6	300	275

注：① 水灰比是指水与水泥（包括外掺混合材料）的用量比值。

　　② 最小水泥用量包括掺入的混合材料，当采用人工捣实时，水泥用量应增加 25 kg/m³，当掺用外加剂且能有效地改善混凝土和易性时，水泥用量减少 25 kg/m³。

　　③ 混凝土强度等级低于 C10，不受本表限制。

　　④ 寒冷地区指最冷月平均气温为 −15～−5 ℃，严寒地区指最冷月平均气温为 −15 ℃。

3. 混凝土浇筑

混凝土的浇筑工作主要包括：搅拌混凝土、向基础坑浇筑混凝土和倒捣混凝土。这三项工作是相互连接不可间断的。

1）准备工作

（1）对模板、钢筋及地脚螺栓安装进行复查。

（2）堵塞模板缝隙，涂刷脱模剂。

（3）对地脚螺栓丝扣部分采取保护措施。

（4）按施工要求搭设作业台架。

（5）混凝土灌注高度超过 3 m 时，台架上应安装灌注漏斗与溜筒。

2）质量控制

混凝土浇筑为全过程控制，必须由专人进行监视和检查。

（1）监视内容为：一是混凝土搅拌后的颜色及水泥砂浆包裹石子的程度是否满足要求；二是捣固过程是否严格按要求进行。

（2）检验内容主要为：一是称取砂、石、水、水泥的实际值，每班日检查不少于 3 次。允许偏差水泥、水、外加剂为 ±2%，砂、石为 ±3%；二是坍落度检验，每个班日不少于 2 次，其数值不得大于配合比设计的规定值，并严格控制水灰比。混凝土浇筑时的坍落度如表 4-4 所示。

表 4-4 混凝土浇筑时的坍落度

结构种类	坍落度（mm）
基础或地面的垫层，无配筋大体积结构（挡土墙、基础等）或配筋稀疏的结构	10～30
板、梁和大型及中型截面的柱子等	30～50
配筋密的结构（薄壁、斗仓、筒仓、细柱等）	50～70
配筋特密的结构	70～90

注：① 本表为采用机械捣固混凝土的坍落度。
② 当需要配制大坍落度混凝土时，应掺用外加剂。

（3）试块制作，制作前认真检查试块模尺寸，每组 3 个试块在同盘混凝土中取料，制作后标明杆塔号及日期。

3）机械搅拌

机械搅拌混凝土的搅拌最短时间，如表 4-5 所示。

表 4-5 混凝土搅拌最短时间

坍落度（mm）	机 型	搅拌机出料量（m²）		
		<250	250～500	>500
≤30	强制式	60	90	120
	自落式	90	120	150
>30	强制式	60	60	90
	自落式	90	90	120

注：掺有外加剂时，搅拌时间应适当延长。

4）人工搅拌

人工搅拌混凝土应遵从"三干四湿"的搅拌原则。

（1）将砂倒入拌盘，再倒入水泥，干拌 3 次，达到颜色均匀。

（2）倒入石料，加入规定量80%的水进行拌和，边拌和边用洒水壶加入余下的水，拌和 4 次以上，达到颜色混合一致。

5）混凝土浇筑要求

（1）坑底为干燥的非黏性土，应洒水湿润；未风化的岩石，应用水清洗。

（2）混凝土自高处倾落，自由高度不应大于 2 m。

（3）每次混凝土的浇筑层厚度应符合表 4-6 的规定。

表 4-6　混凝土的浇筑层厚度

捣实方法		浇筑层厚度（mm）
插入式振捣		振捣器作用部分长度的 1.25 倍
表面振动		200
人工捣固	基础底板及无筋混凝土结构	250
	基础柱、架结构	200
	配筋密集的结构	150

（4）混凝土浇筑必须连续进行。如不能连续进行时，间歇时间应尽量缩短，浇筑允许间歇时间如表 4-7 所示。

表 4-7　混凝土的浇筑允许最长的间歇时间（min）

混凝土强度等级	环境气温（℃）	
	<25	≥25
≤C30	210	180
>C30	180	150

注：加入外加剂的浇筑允许间歇时间应按试验结果确定。

（5）混凝土搅拌位置距灌注地较远，需进行长距离运输，或采购商品混凝土时，从搅拌机中倒出到浇筑完毕的延续时间如表 4-8 所示。

表 4-8　混凝土从搅拌机中倒出到浇筑完毕的延续时间（min）

混凝土强度等级	环境气温（℃）	
	<25	≥25
≤C30	120	90
>C30	90	60

（6）断面较大的基础，经工程技术负责人同意，允许放入大块毛石，但需注意：毛石必须洗净，表面潮湿；毛石宜分层放入，层间厚度应有 1 000 mm 以上的混凝土层；毛石与模板距离不小于 150 mm，毛石之间距离不小于 100 mm；在立柱及钢筋密集的结构处不得掺入毛石；毛石掺入量不宜超过容许掺毛石的部分结构总体的 25%。

6）混凝土捣固要求

（1）混凝土捣固应有专人负责。

（2）采用插入式振捣器捣固时，在模板阴角、紧靠模板面的钢筋密集处，应辅以人工插件捣固。

（3）采用插入式振捣器应注意：应插入不小于 50% 下层混凝土深度；操作时应"快插慢

拔"，按一定的顺序进行，移动间距不宜大于振捣器作用半径的 1.5 倍；振捣器与模板之间的距离不应大于作用半径的 0.5 倍，但不得靠紧模板；操作时应避免碰撞钢筋模板；不得用插入式振捣器对堆集的混凝土就地振动摊平。

（4）每一振捣点作用的时间不宜太长，如混凝土表面呈现浮浆和没有沉落现象时，即移至下一相邻振捣点。

（5）立柱可采用开窗捣固，要求振捣器橡胶软管的弯曲半径不小于 50 cm，且弯曲段不得多于 2 处。

7）浇筑监视

混凝土浇筑过程中，应设专人监视模板、钢筋及地脚螺栓，如发现有变形、移位，应及时停止浇筑，进行加固和校正。

8）施工缝设置

（1）对于大型基础不能做到连续作业而要留施工缝时，应事先向设计单位提出，以确定施工缝位置。

（2）在施工缝处继续绕注混凝土时，在已硬化的混凝土表面上进行清除处理，并用水冲洗干净；在结合处铺一层厚 1.0 ~ 1.5 cm 与混凝土成分相同的水泥少浆；结合处后浇筑的混凝土应捣实，使新旧混凝土紧密结合。

9）抹平收浆和抹成斜面

每个基础的混凝土浇筑完毕，在初凝前应对露出部分进行抹平收浆，立柱顶部达到与浇筑标志一致，对于转角塔、按杆塔预偏要求做成斜面。

10）冬季低温施工要求

室外日平均气温连续 5 天持续低于 5 ℃ 时，混凝土施工应按冬季施工的有关规定执行。

4. 混凝土基础养护

养护一般采用自然养护。

（1）浇筑后应在 12 小时内浇水养护，天气炎热、干燥有风时应在 3 小时进行浇水养护。混凝土外露部分加遮盖物，在养护时应始终保持混凝土表面湿润。

（2）对采用硅酸盐水泥、普通硅酸盐水泥或矿渣硅酸盐水泥制成的混凝土，不得小于 7 昼夜。对掺有外加剂的混凝土，按生产厂提供的技术要求处理。

（3）基础拆模经表面检查合格并经隐蔽工程验收以后应立即回填土。回填土覆盖在混凝土表面可不再浇水养护。

（4）养护用水应与搅拌用水相同。

（5）日平均气温低于 5 ℃ 时，停止浇水养护。

（6）模板及支架拆除要求在混凝土强度能保证表面及转角不因拆除模板而受到损伤，且强度不低于 2.5 MPa 时，方可进行。

5. 混凝土基础拆模

（1）混凝土达到规定强度要求后方可拆模。

（2）拆模时应保证其表面及棱角不损坏，避免碰撞地脚螺栓，防止松动。

（3）拆模后应清除地脚螺栓上的混凝土残渣，地脚螺栓丝扣部分涂裹黄油。回收后的地脚螺帽应妥善保管并做好标识。

6. 质检与回填

（1）基础尺寸偏差。整基基础施工尺寸允许偏差如表 4-9 所示。

表 4-9　整基基础施工尺寸允许偏差

项　　目		地脚螺栓式		主角钢插入式		高塔基础
		直线	转角	直线	转角	
整基基础中心与中心桩间位移（mm）	横线方向	30	30	30	30	30
	顺线方向		30		30	
基础根开与对角线尺寸误差（‰）		±2		±1		±0.7
基础顶面或主角钢操平印记间相对高差（mm）		5		5		
整基基础扭转（′）		10		10		5
项　　目						指数
混凝土保护层偏差（mm）						−5
主柱及底座断面尺寸偏差（mm）						−1%
同组地脚螺栓中心对主柱中心偏移（mm）						10
浇筑拉线基础拉环中心与设计位置偏移（mm）						20
浇筑拉线基础位置偏差						1%L

注：L 为拉环中心到拉线固定点的水平距离。

（2）基础混凝土细度应以试块为依据，试块制作应符合下列规定：

① 试块尺寸为 150 mm×150 mm×150 mm，每组 3 个。

② 转角、耐张、终端及悬垂转角塔的基础，每基一组。

③ 一般直线塔基础在同一施工段且混凝土标号、配合比相同情况下，应以每 5 基为一组。

（3）基础拆模时应先进行自检，然后按施工记录要求项目进行检查，并填写施工记录。

（4）对基础表面的缺陷应会同有关单位进行检查判断，对于不影响质量的，可采取修复措施；对质量有影响的，应研究处理方法，经总工程师批准后实施。

（5）回填要求。

拆模处检查合格后，应及时申请隐蔽工程验收检查，检查后进行回填，其回填要求如下：

① 清除坑内积水、杂物等。

② 对称、分层回填，分层夯实，每层约 300 mm 厚度夯实一次。

③ 为补偿沉降，加防沉层 300～500 mm。基础顶面低于防沉层时，应设置临时排水沟，以防止基础顶面积水。经过沉降后应及时补填夯实，工程移交时坑口回填土不应低于地面。

④ 回填土不够时，不得在沟边取土。

⑤ 对易冲刷的接地沟表面应采取水泥砂浆护面或砌石灌浆等保护措施。

⑥ 石坑回填应以石子与土按 3:1 掺和后回填夯实。

⑦ 施工完毕应及时做好场地平整、余土处理工作，做到"工完料尽场地清"。

二、施工前的准备

（一）人员分工

表 4-10　人员分工

序号	项目	人数	备注
1	工作负责人	1	
2	基础定位、划线、挖坑、混凝土浇筑与养护	4	

（二）所需工机具

表 4-11　工机具清单

序号	名称	规格	单位	数量	备注
1	测杆		根	3	
2	经纬仪		套	1	
3	圈尺		把	1	
4	镐		把	1	
5	铁锹	长把	把	3	
6	铁锹	短把	把	1	
7	水平尺		把	1	坑底操平
8	线绳	10 m	根	1	
9	模板		套	1	
10	插入式振捣器		套	1	

（三）所需材料

表 4-12　材料清单

序号	名称	规格	单位	数量	备注
1	木桩		根	4	
2	小铁钉		个	1	
3	地脚螺栓		根	4	
4	砂				根据坑的大小核算
5	石				根据坑的大小核算
6	水泥				根据坑的大小核算

思考与练习

一、填空题

1. 现浇混凝土基础类型有（　　　　）和（　　　　）两种。施工的主要程序为：基础定位、（　　　　）开挖、安装（　　　　）、钢筋骨架加工和安放、浇筑（　　　　）保养、混凝土（　　　　）拆除模板、回填土等。

2. 基础根开是指（　　　　）中心之间的距离。杆塔型式不同，基础根开的表示方法及意义也不同。

3. 采用地脚螺栓的杆塔基础模板安装程序一般为：在根据基础坑口线挖好坑之后，先测定（　　　　）模板位置，再测定（　　　　）模板位置，最后在浇灌好（　　　　）模板部分混凝土或钢盘混凝土后，操平地脚螺栓即可。

4. 杆塔基坑的深度，应以施工图的（　　　　）面为起算面，拉线坑的坑深则以拉线坑中心地面标高为起算面。

5. 混凝土的浇筑工作主要包括：混凝土（　　　　）、向基础坑浇筑混凝土和（　　　　）混凝土，这三项工作是相互连接不可间断的。

6. 人工搅拌混凝土应遵从（　　　　）的搅拌原则。

7. 混凝土自高处倾落，自由高度不应大于（　　　　）m。

8. 混凝土捣固应有（　　　　）人负责。

9. 混凝土养护时应始终保持混凝土表面（　　　　）。

10. 转角、耐张、终端及悬垂转角塔的基础，每基础应制作（　　　　）组混凝土试块。

11. 基础拆模时应先进行（　　　　）检，然后按（　　　　）要求项目进行检查，并填写施工（　　　　）。

12. 施工完毕应及时做好场地平整、余土处理工作，做到工完料（　　　　）场地（　　　　）。

二、简答题

1. 请画图说明四方塔基础的定位划线方法？

2. 应如何操平找正地脚螺栓？

3. 请简述人工搅拌混凝土的具体操作方法？

4. 请简述金属混凝土基础的施工要点？

课题二　钢管杆组立

【学习目标】

（1）学会搜集钢管杆组立方面的资料。

（2）养成安全、规范的操作习惯，有较强的沟通合作能力。

【知识点】

（1）了解电力钢管杆的类型和吊车立杆的组织方法。

（2）杆塔组立要求。

【技能点】

（1）能编制出最佳的施工工序，能做到举一反三。

（2）能编制吊车立杆施工作业指导书。

【学习内容】

一、基础知识

（一）终端杆塔的作用和特点

终端杆塔用于整个线路的起止点或电缆线路与架空线路的分界处，是耐张杆塔的一种形式，但受力情况较严重，需承受单侧架线时的全部导地线的拉力。耐张杆塔采用耐张绝缘子串，并用耐张线夹固定导线。通常在线路施工设计时按耐张段进行，故又称紧线杆。

（二）金属杆

常用的金属杆有钢管杆、铁塔等，其特点是机械强度大、寿命长、拆装方便。其缺点是用钢材量大、价格高、易腐蚀。

1. 钢管杆

钢管杆由钢板经压力机冷压成型。每段长为 2～12 m，钢板厚度截面为 4～40 mm，材质为 Q235 钢、16Mn 或 16Mn 桥钢。钢管杆的截面有圆形和多边形两种，钢管杆的边形数和锥度可根据设计需要确定。制作时先将钢板压成两个半环，然后由两条纵向焊缝焊成。

钢管杆的特点是结构简单，构件小，具有较低的风载体形系数，作用在钢管杆身上的风荷载比铁塔小得多，并且钢管杆具有良好的柔性，有利于确保其在强风作用下的安全性。

随着土地日显紧张，为提高土地效益，城市规划部门一般提供狭窄的高压线路走廊或利用绿化带作为高压架空线路的通道，普通自立式铁塔因为根开宽，需要比较大的走廊，占地位置多，不适合在受限制的走廊内架设。如在同一路径上铺设电缆线路，则投资非常大，工程建设单位往往难以接受。钢管杆因为杆径小，需要的走廊比较小，而且可以在 4～6 m 的绿化带内方便地进行架设。因而能满足在走廊受限制地区架设架空线路的需要。

钢管杆采用分件加工运输，现场组装，加工安装方便。

城市的市容越来越受到重视，钢管杆由于结构匀称，线条明快，配上机翼型的横担，动感十足，令人耳目一新，如再涂上城市的主色调不但不会影响景观，反而对周围的景观起到美化、协调的作用。因此现阶段钢管杆一般应用于城郊结合区域以及有走廊限制的地带。

2. 铁 塔

铁塔是用角钢焊接或螺栓连接的钢架。其优点是机械强度大，使用年限长，运输和施工方便；缺点是钢材消耗量大，造价高，施工工艺复杂，维护工作量大。铁塔多用于交通不便或地形复杂的山区，或一般地区的特大荷载的终端、耐张、大转角、大跨越等情况。

铁塔可分为塔头、塔身和塔腿三部分。对于上字型或鼓型塔，下导线横担以上称为塔头部分；酒杯型塔或猫头塔形塔颈部以上称为塔头部分。一般将与基础连接的那段桁架称为塔腿。塔头与塔身之间的桁架称为塔身。

铁塔的塔身为柱形立体桁架，桁架的断面多呈正方形或矩形。桁架的每一侧面均为平面桁架，立体桁架的四根主要杆件称为主材。在主材的每一个平面上有斜材连接。为保证铁塔主柱形状不变及个别杆件的稳定性，需在主柱的某些断面中设置横隔材。由于构造上的要求或减少构件的长细比而设置辅助材。

斜材与主材的连接处或斜材与斜材的连接处称为节点，杆件纵向中心线的交点称为节点中心。相邻两节点间的主材部分称为节间。两节点中心间的距离称为节间长度。

3. 四管塔

四管塔塔体由四根无缝钢管作主杆，斜、横连杆通过连接筋板与主杆相连接。为达到运输、安装的便利，主杆无缝钢管一般分成每段 5～6 m，每段之间用外法兰连接。

4. 钢管塔

钢管塔与角钢塔相比主要有强度大、稳定性好等优点，主要用在超高压输电线路中。

（三）钢管杆的连接

钢管杆的连接方法有法兰螺栓连接（见图 4-4）和套接式连接（见图 4-5）两种。

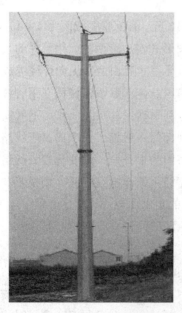 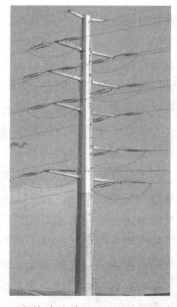

图 4-4　法兰螺栓连接的 35 kV 单回路耐张杆　　图 4-5　套接式连接的 110 kV 双回路耐张杆

多棱锥型钢管杆(亦称多边形钢管杆)多采用套接式接头,即钢管上段套在钢管下段上,套接长度应不小于套接截面直径的 1.5 倍,套接处的间隙为 1~2 mm,此种接头要求有较高的加工精度。圆形钢管杆接头,多采用法兰盘连接。钢管杆一般通过法兰盘、地脚螺栓与基础连接。

二、施工前的准备

(一)人员分工

表 4-13 人员分工

序号	项目	人数	备注
1	工作负责人	1	
2	安全监督	1	必须专责
3	塔上作业	1	持证上岗
4	吊车司机	1	持证上岗
5	地面组装	10	

(二)所需工机具

表 4-14 工机具清单

序号	名称	规格	单位	数量	备注
1	吊车		台	1	
2	调整偏拉绳	$\phi1$,1×50 m	条	6	钢丝绳
3	滑车	3 t	只	4	人力提升小物件用
4	白棕绳	$\phi16$	m	300	控制方向用

(三)所需材料

表 4-15 材料清单

序号	名称	规格	单位	数量	备注
1	钢管杆		根	1	两段
2	横担		套	1	
3	悬式绝缘子		片	12	

三、吊车吊装钢管杆

（一）施工准备

1. 材料准备

对进入现场的杆材进行清点和检验，保证进场材料质量符合相关要求。

2. 技术准备

（1）钢管杆基础必须经中间检查验收合格，基础混凝土的抗压强度不允许低于设计强度的70%。

（2）钢管杆接地装置施工完毕，具备与杆身可靠连接的条件。

（3）熟悉设计文件和图纸，根据施工条件选择吊车的施工方案，及时进行技术交底。

（4）组立前要对运输道路进行踏勘，吊车司机必须参加，特别是使用较大型的吊车，必须事先对道路、桥梁及涵洞的承载能力进行调查，满足要求后方可进行吊装方案设计。

（5）对施工场地进行平整，对影响吊车吊装施工范围内的障碍物应事先采取措施进行清理或避让。

3. 组织准备

根据人员和现场的具体情况进行组员分工

4. 施工工器具准备

（1）根据杆重、杆高、起吊负荷等选用合适的吊车。吊车应具备安检合格证，司机应持吊车上岗操作证，起吊前应对吊车进行全面检查。

（2）对进入施工现场的机具、工器具进行清点、检验或现场试验，确保施工工器具完好并符合相关要求。

（3）根据安全文明施工的要求，配备相应的安全设施。

（二）吊车就位

（1）合理确定吊车的摆放位置，避免在起吊过程中移动吊车，以提高工作效率。

（2）吊车工作位置的地基必须稳固，附近的障碍物应清除，吊车的支撑点应选择在坚硬的土层上。

（3）组装段的位置应与吊车回转范围相适应。

（4）平面布置中要注意组装段位置与起吊顺序相适应。

（三）地面组装

（1）地面组装位置以适合吊车起吊为原则，杆塔的单件质量应小于吊车额定起重量，同时注意起重量大小与伸臂长度的关系，组装好的构件必须在吊车允许起吊半径范围内。

（2）地面组装时应考虑好组装形成的吊件重心位置及吊绳的绑扎位置，根据施工现场的情况、构件有无方向限制等确定构件布置位置，留出操作空间方便吊绳、控制绳的绑扎及方向控制。

（3）螺栓连接构件时，螺杆应与构件面垂直，螺栓头平面与构件不应有空隙，螺母拧紧后，螺杆露出螺母的长度，对单螺母者应不小于两个螺距，对双螺母可与丝扣平齐。

（四）钢管杆构件吊装

（1）正式吊装前，必须进行试吊。

（2）根据杆的高度、重量及地形条件确定吊装方案。分解吊装主要用于受吨位和高度影响只能分段吊装的钢管杆，整体吊装主要用于吨位小的钢管杆。

（3）仔细核对吊车允许荷载及相应允许起吊高度，所有各段重量及相应起吊高度均处于该吊车荷载范围及相应允许起吊高度以内，严禁超载起吊。

（4）对于分段吊装钢管杆身，吊点一般选择在构件的上端，便于杆体就位；对于整体吊装钢管杆应选择在吊件重心以上位置。

（5）组立钢管杆应按段将钢管杆依次排列，根据吊车允许工况吊立钢管杆下段并与地脚螺栓连接紧固。

（五）钢管杆检修

（1）检查所有部位螺栓数量及规格，对所有螺栓进行复紧，达到设计及规范要求的螺栓扭矩。

（2）及时采取有效的钢管杆防盗和防松措施。

（3）清理杆身遗留杂物，清洗杆身污垢，及时清理施工现场，做到工完料尽场地清。

（4）对钢管杆进行质量检验。

（六）安全控制措施

1. 钢管杆组立安全保证措施

（1）起吊绑扎绳应有足够安全可靠性。吊装杆塔开始状态时起吊绳受力较小，由于它受力不均，可能最终状态时受力最大。选择吊点绳时应对开始状态和最终状态两种情况分别进行验算，以保证起吊绳及相应连接件的安全。

（2）校验铁塔强度，为了就位方便，吊点一般偏高，因此塔体吊点处、中部及下端都可能因弯曲变形而损坏，对塔体受力部位应进行强度验算，必要时应进行补强。

（3）起吊过程起吊速度应均匀，缓提缓放，并随时注意吊装情况；操作人员应事先选择好站立位置，正确系好安全绳，然后进行作业。

（4）分段吊装时，上下段连接后，严禁用旋转起重臂的方法进行移位找正。

（5）在电力线附近组塔时，吊车必须接地良好。与带电体的最小安全距离应符合安全规程的规定。塔件离地约 0.1 m 时应暂停起吊并进行检查，确认正常后方可正式起吊。

（6）吊车在作业中出现不正常，应采取措施放下塔件，停止运转后进行检修，严禁在运转中进行调整或检修。

（7）指挥人员看不清工作地点，操作人员看不清指挥信号时，不得进行起吊。

注意：起吊时，应相互配合，只有配合到位才能保证安全、成功立杆。

2. 危险点及预控措施

表 4-16　危险点及预控措施

序号	危险点	可能导致的事故	预控措施
1	安全带未定期试验	高空坠落	定期进行拉力试验，使用前进行外观检查，有破损不得使用
2	进入施工现场人员未正确佩戴安全帽	机械伤害	不戴安全帽不得进入施工现场
3	受力工器具以小代大	机械伤害	工器具严禁以小代大
4	利用树木或外露岩石作牵引或制动等受力锚桩	其他伤害	根据受力大小使用地锚或角铁桩受力
5	设备吊装、绑扎方法错误	起重伤害	按技术要求进行施工
6	起重装卸无设专人指挥	起重伤害	设专人指挥
7	高空作业所用的工具和材料未放在袋内或用绳索扎牢，上下传递未用绳索吊送，乱抛掷	物体打击	使用工具袋装小物件，上下传递用麻绳吊送
8	地锚未进行回填土	物体打击	地锚放入坑内连接拉棒后，马上进行回填夯实
9	受力钢丝绳的内侧有人	物体打击	人员必须在钢丝绳的外侧
10	高空作业人员随意搁置物品或浮置工具塔材	物体打击	严禁搁置物品或浮置工具塔材，进行可靠、牢固绑扎、固定
11	高空上下交叉作业	物体打击	分层作业避免在同一垂直线上作业
12	吊机作业时，下面有人	物体打击	起重范围内不得站人

（七）质量控制措施及检验标准

施工中必须严格按本质量保证措施、《架空电力线路施工及验收规范》及《送变电工程质量检验及评定标准（第1部分：送电工程）》（Q/CSG 1001 7.1～2007）施工。各工序要认真查组装质量，发现问题及时处理，不合格不得进入下一道工序施工。

（1）现场构件应分类、分段号摆放。

（2）不得用角钢作其他承力使用，如：当撬棍等。防止构件弯曲变形。

（3）如因运输造成局部镀锌层磨损时（小于 $100 \, mm^2$），应喷防锈漆，进行防锈处理。喷前应将磨损处清洗干净并保持干燥。

（4）螺栓防盗栓槽统一朝上。

（5）螺栓连接构件组装规定

① 铁塔各构件的组装应牢固，交叉处有空隙者，应按设计图纸加装对应厚度的垫片。

② 螺栓应与构件面垂直，螺栓头平面与构件不应有空隙。

③ 螺母拧紧后螺杆露出螺帽的长度，对单螺母不应小于两个螺距，对双螺母可与螺母相平。

（6）螺栓数量不得缺少，规格必须符合设计图纸要求，穿向应符合本工程的统一规定和铁塔图纸会审纪要的要求。

（7）螺杆与螺母的螺纹有滑牙或螺母棱角磨损以至扳手打滑的螺栓必须更换。

（8）铁塔组装有困难时，严禁强行组装，应查明原因。对于有误的板件应划印，逐件登记交材料站退回厂家处理。

（9）地面组装完成以后，应对组装质量做一次全面检查，如发现有质量缺陷应按规定处理后再转入下一道工序。其内容包括：

① 构件是否齐全，缺少的构件是送料缺件，还是原构件加工尺寸错误装不上。

② 各部位尺寸是否正确，特别是分段连接处是否正确。

③ 组装的构件有无歪扭和弯曲，是否有空隙未加垫圈。

④ 螺栓是否齐全，紧固。

⑤ 镀锌层有无剥落。

（10）铁件与钢丝绳的接触面必须垫麻包袋等软物，保护镀锌层。

（11）节点螺栓规格必须一致，在复紧全塔螺栓时应检查。

（12）杆塔立好后，立杆人员必须及时检修，及时发现质量问题及时总结并改进立塔施工工艺，以保证质量控制。

思考与练习

一、填空题

1. 钢管杆由（　　　　）经压力机冷压成型。钢管杆的截面有（　　　　）形和（　　　　）形两种，钢管杆的边形数和锥度可根据（　　　　）确定。制作时是先将钢板压成两个半环，然后由两条纵向焊缝焊成。

2. 钢管杆的连接方法有（　　　　）连接和（　　　　）连接两种。

3. 钢管杆一般通过法兰盘、（　　　　）与基础连接。

4. 根据杆重、杆高、起吊负荷等选用合适的吊车。吊车应具备（　　　　）合格证，司机应持（　　　　）操作证，起吊前应对吊车进行全面检查。

5. 地面组装位置以适合（　　　　）为原则，杆塔的单件质量应（　　　　）于吊车额定起重量，同时注意起重量大小与伸臂（　　　　）的关系，组装好的构件必须在吊车允许起吊半径范围内。

6. 地面组装时应考虑好组装形成的吊件（　　　　）位置及吊点绳的绑扎位置，根据施工现场的情况、构件有无方向限制等确定构件布置位置，留出（　　　　）方便吊绳、控制绳的绑扎及方向控制。

7. 螺栓连接构件时，螺杆应与构件面（　　　　　　），螺栓头平面与构件不应有（　　　　　　），螺母拧紧后，螺杆露出螺母的长度，对单螺母者应不小于（　　　　　　）个螺距，对双螺母可与丝扣平齐。

8. 根据杆的高度、重量及地形条件确定吊装方案。分解吊装主要用于受吨位和高度影响只能（　　　　）吊装的钢管杆，整体吊装主要用于吨位（　　　　）的钢管杆。

9. 对于分段吊装钢管杆身，吊点一般选择在构件的（　　　　）端，便于杆体就位；对于整体吊装钢管杆应选择在吊件（　　　　）位置。

10. 立杆完成后，应清理杆身遗留杂物，清洗杆身污垢，及时清理施工现场，做到工完料（　　　　）场（　　　　）。

11. 在电力线附近组塔时，吊车必须（　　　　）良好。与带电体的最小安全距离应符合安全规程的规定。塔件离地约（　　　　）m 时应暂停起吊并进行检查，确认正常后方可正式起吊。

12. 吊车在作业中出现不正常，应采取措施放下塔件，停止（　　　　）后进行检修，严禁在运转中进行调整或检修。

二、简答题

1. 请画出吊车吊装钢管杆的施工流程图。

2. 采用吊车吊装钢管杆时应做好哪些技术准备？

3. 采用吊车吊装钢管杆时应注意什么？

课题三　水平拉线安装

【学习目标】

（1）学会搜集水平拉线安装方面的资料。

（2）会编制出最佳的施工工序，做到举一反三。

（3）养成安全、规范操作习惯，能与团队友好协作，解决实际问题。

【知识点】

（1）知道水平拉线的结构和适用场所。

（2）能准确测量拉线长度、计算下料长度。

【技能点】

熟练使用相应工具，掌握拉线安装操作技巧。

【学习内容】

一、基础知识

（一）水平拉线的结构

水平拉线又称为高桩拉线，在不能直接做普通拉线的地方，如跨越道路等地方，则可做水平拉线。高桩拉线是通过高桩将拉线升高一定高度，不影响车辆的通行，如图 4-6 所示。

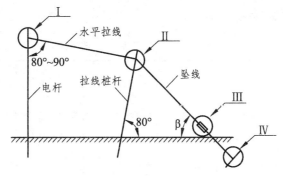

图 4-6　水平拉线示意图

（二）水平拉线安装工序流程

施工准备→拉线基础施工→测量、计算下料长度→预制拉线→安装水平拉线→安装坠线。

（三）水平拉线安装标准

（1）拉线桩杆应向张力反方向倾斜 10°～20°。

（2）坠线与拉线桩杆夹角不应小于 30°。

（3）坠线上端固定点的位置距杆顶应为 250 mm，距地面不应小于 4 500 mm。

（4）拉线跨越道路时，距路面中心的垂直距离不应小于 6 m。

（5）作为顺向拉线，应与线路方向对正，作为转角杆的合力拉线，应与线路分角线对正。

（6）拉线棒出土处与规定位置的偏差，顺向拉线不应大于拉线高度的 1.5%；合力拉线不应大于拉线高度的 2.5%。

（7）线夹楔子与拉线接触应紧密，受力后无滑动现象，尾线长度不宜超过 400 mm。

（8）UT 型线夹的丝扣应露扣，并应由不小于 1/2 螺杆丝扣可供调整，双螺母应并紧。

（四）水平拉线安装注意事项

（1）拉线坠线位于交通要道或人易触及的地方，须在预制坠线时就在坠线上套上拉线保护套，材料另备。

（2）拉线安装完毕后，要做一次检查，以免遗忘工具和余料。

二、水平拉线安装前的准备

（一）人员分工

表 4-17　人员分工

序号	项目	人数	备注
1	安全防护	1	
2	拉线制作安装	4	

（二）所需工机具及安全用品

表 4-18　工机具及安全用品清单

序号	名称	规格	单位	数量	备注
1	电工工具		套	2	
2	断线钳	大号	把	1	
3	紧线器		套	1	
4	木手锤（或橡胶锤）	1.5 kg	个	1	
5	卷尺	10 m	把	1	
6	记号笔		支	1	
7	吊绳	$\phi 12$，$L = 10$ m	根	1	
8	脚扣		副	1	
9	滑轮		个	1	

（三）所需材料

表 4-19　材料清单

序号	名称	规格	单位	数量	备注
1	镀锌钢绞线	GJ-35	M		按需量取
2	楔形线夹		套	2	
3	UT 型线夹	可调式	套	2	
4	镀锌铁线	$\phi 1.2$	m		按需量取
5	镀锌铁线	$\phi 3.2$	m		按需量取
6	拉线棒		根	1	
7	拉线盘		块	1	
8	拉线抱箍		套	2	
9	延长环		个	2	
10	润滑油		kg	0.1	

三、水平拉线安装要领

（一）施工准备

（1）确认拉线桩实际位置。

（2）复测拉线方向和拉线坑位置。

（二）拉线基础施工

（1）根据施工设计工求挖拉线坑，方向正确，深度符合要求。

（2）拉线棒与拉线盘垂直，拉线棒位于预定出土位置。

（3）回填：清除回填土中的树根杂草，每填入 500 mm 厚即夯实一次。回填后的坑位应有防沉土层，其培土高度应高出地面 300 mm，土台上部面积应大于原坑口。

（三）预制拉线

水平拉线安装如图 4-7 所示。

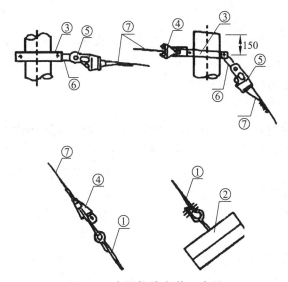

图 4-7　水平拉线安装示意图

①—拉线棒；②—拉线盘；③—拉线抱箍；④—UT 型线夹；
⑤—楔型线夹；⑥—延长环；⑦—钢绞线

（1）实测水平线和坠线的长度，各加上 800 mm 作为下料长度。

（2）预制水平拉线和坠线。

① 用钢圈尺在钢绞线上量出所需长度，用记号笔做好标记。在标记两侧各量出 10 mm，用ϕ1.2 镀锌铁线分别绑扎 8 ~ 10 圈，用断线钳在标记处将钢绞线剪断。

② 分别从钢绞线一端量出 250 mm，做一标记。以标记为中心，将钢绞线煨弯后套入楔型线夹内，线夹的凸肚应在尾线侧。用手锤敲击线夹本体，使楔子与线夹本体、楔子与钢绞线接触紧密，受力后无滑动现象。把预留尾线与主线按要求尺寸绑扎好。

③ 将制作好的回头分别安装于电杆和拉线桩杆的拉线抱箍上的延长环中，实测水平拉线和坠线另一回头位置，预制好水平拉线和坠线。

（3）水平拉线安装。

① 作业人员登上拉线桩杆。用吊绳吊上滑轮和ϕ4.0 铁线，滑轮用ϕ4.0 铁线固定在拉线抱箍下方处。用吊绳吊上水平拉线的 UT 型线夹端，杆上作业人员把吊绳穿过钢滑轮将吊绳放下。

② 在距水平拉线过道两侧各 5 m 处设防护人员。杆下作业人员用吊绳绑扎住水平拉线另一头，牵拉至电杆根部，电杆上人员将其吊起，按要求将楔型线夹安装于延长环。

③ 拉线桩杆下作业人员牵拉吊绳拉紧水平拉线，拉线桩杆上人员按要求装好 UT 型线夹。之后，拉起坠线并将其安装在抱箍另一侧的延长环中。

④ 杆上作业人员下杆，地面人员将坠线的另一端安装于拉线棒环中。

⑤ 调正拉线，使其符合规程要求。

思考与练习

一、填空题

1. 水平拉线又称为（　　　　　）拉线，在不能直接作普通拉线的地方，如跨越道路等地方，则可作水平拉线。水平拉线是通过（　　　　　）将拉线升高一定高度。

2. 拉线桩杆应向张力反方向倾斜（　　　　　）。

3. 坠线与拉线桩杆夹角不应小于（　　　　　）。

4. 坠线上端固定点的位置距杆顶应为 250 mm，距地面不应小于（　　　　　）m。

5. 拉线跨越道路时，距路面中心的垂直距离不应小于（　　　　　）m。

6. UT 型线夹的丝扣应露扣，并应有不小于 1/2 的螺杆丝扣可供调整，双螺母应并紧。

7. 拉线坠线位于交通要道或人易触及的地方，须在坠线上安装（　　　　　）。

8. 拉线安装完毕后，应做到工完料（　　　　　）场地（　　　　　）。

二、简答题

1. 请写出水平拉线安装的工序流程。

2. 请画出水平拉线的安装示意图。

3. 怎么样才能有效地减小水平拉线的施工误差，做到一次成功？

课题四　机械架设导线

【学习目标】

（1）知道团队协作的重要性。

（2）会编制出最佳的施工工序，并能举一反三。

（3）养成了安全、规范操作的习惯，有良好的沟通协作能力。

【知识点】

（1）了解导线架设组织措施、安全措施、技术措施和劳动保护措施。

（2）掌握导线架设方面的要点。

【技能点】

（1）根据实际情况选择导线截面积。

（2）能够正确使用架线的工器具。

（3）能按规程要求进行放线操作，达到规范要求的质量标准。

【学习内容】

一、基础知识

（一）配电线路的各种档距

对杆塔而言档距是指相邻两杆塔中心线之间的水平距离，对于导线设计而言档距是指导线相邻两悬挂点间的距离。

（1）水平档距是指杆塔前后两导线档距之和的一半。水平档距是用来计算导线传递给杆塔的水平荷载的主要数据。

（2）垂直档距是指杆塔前后两档中导线最低点之间的水平距离。垂直档距用来计算杆塔承受导线的垂直荷载。

当导线悬挂点等高时，水平档距与垂直档距值相同。

（3）代表档距是指在耐张段内，当直线杆塔上出现不平均张力差，悬垂绝缘子串发生偏斜而趋于平衡时，导线的应力（称代表应力）在状态方程式中所对应的档距。它是一个假定的档距，在代表档距下，导线应力的变化规律与实际耐张段各档距中导线应力的变化规律相同。代表档距又称规律档距或当量档距。

代表档距的计算公式为

$$l_d = \sqrt{\sum_{i=1}^{n} l_i^3 \Big/ \sum_{i=1}^{n} l_i} = \sqrt{\frac{l_1^3 + l_2^3 + \cdots l_n^3}{l_1 + l_2 + \cdots l_n}} \qquad （4\text{-}8）$$

式中　　l_d——代表档距，单位符号为 m；

$l_1, l_2, \cdots, l_n$——耐长段内各档的导线档距，单位符号为 m。

（4）临界档距是指在最低温度和最大荷载时都能形成导线最大应力的假设档距。

当代表档距大于临界档距时，导线的最大应力在最大覆冰或最大风速时出现。

当代表档距小于临界档距时，导线的最大应力在最低温度时出现。

（二）导线的安装曲线

导线安装曲线就是以档距为横坐标，以弧垂或应力为纵坐标，利用导线的状态方程式，将不同档距、不同气温时的弧垂和应力绘成曲线。该曲线供施工安装导线使用，并作为线路运行的技术档案资料。

导线和避雷线的架设，是在不同气温下进行的。施工前紧线时要用事前做好的安装曲线，查出各种施工气温下的弧垂，以确定架空线的松紧程度，使其在运行中任何气象条件下的应力都不超过最大使用应力，且满足耐振条件下，使导线任何点对地面及被跨越物之间的距离符合设计要求，保证运行的安全。

注意：安装曲线通常只绘制弧垂曲线，其气象条件为无风无冰情况（因为导线的安装都是选择在无风无冰的情况下进行）。温度变化范围为最高气温到最低气温，可以每隔 5 ℃ 或 10 ℃ 绘制一条弧垂曲线，档距的变化范围视工程实际情况而定。线路安装时，可根据实际温度查得相应的架线弧垂以用于放线紧线。

（三）导线安装曲线的应用

1. 施工紧线时观察弧垂

线路施工时，一般根据各耐张段的代表档距，分别从安装曲线上查出各种施工温度下的弧垂。一个耐张段往往是由多个档距构成的连续档，我们所选择的用于在紧线时作为观察弧垂的档距，即观察档，其档距值往往与假定的代表档距值不等，所以，需根据公式（4-9）将所查得的代表档距的弧垂值换算到实际观察档的弧垂

$$f_g = f_d \left(\frac{l_g}{l_d} \right)^2 \tag{4-9}$$

式中　f_d、f_g——分别为代表档和观察档弧垂；

　　　l_d、l_g——分别为代表档和观察档档距。

例　有一条线路如图 4-8 所示，2 号与 3 号杆之间为观察档，线路各档档距如图所示。试求施工环境温度为 15 ℃ 时的观察档弧垂值。

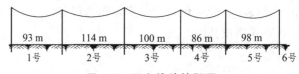

图 4-8　配电线路档距图

解： 代表档距 $l_d = \sqrt{\sum_{i=1}^{5} l_i^3 / \sum_{i=1}^{5} l_i} = \sqrt{\dfrac{93^3 + 114^3 + 100^3 + 86^3 + 98^3}{93 + 114 + 100 + 86 + 98}} = 100$ （m）

查安装曲线表知：温度为 15 ℃，档距为 100 m 时，导线的弧垂为 1.0 m。

则温度为 15 ℃ 时的观察档弧垂值 $f_g = f_d \left(\dfrac{l_g}{l_d} \right)^2 = 1.0 \times \left(\dfrac{114}{100} \right)^2 = 1.14$ （m）

2. 处理导线初伸长

1）初伸长及其影响

金属绞线不是完全弹性体，因此安装后除产生弹性伸长外，还将产生塑性伸长和蠕变伸长，综合成为塑蠕伸长。塑蠕伸长将使导线、避雷线产生永久变形，即张力撤去后这两部分伸长仍不消失，这在工程上称之为初伸长。

初伸长与张力的大小和作用时间的长短有关，在运行过程中随着导线张力的变化和时间的推移，这种初伸长逐渐被伸展出来，最终在 5～10 年后才趋于一稳定值。显然，初伸长的

存在增加了档距内的导线长度，从而使弧垂永久性增大，结果使导线对地和被跨越物距离变小，危及线路的安全运行。因此，在进行新线架设施工时，必须对架空线预做补偿或实行预拉，使在长期运行后不致因塑蠕伸长而增大弧垂。

2）初伸长的补偿

补偿初伸长最常用的方法有减小弧垂法和降温法。

（1）减小弧垂法。

在架线时适当的减小导线的弧垂（增加导线应力），待初伸长在运行中被拉出后，所增加的弧垂恰恰等于架空线时减少的弧垂，从而达到设计弧垂要求。

导线和避雷线的初伸长率一般应通过试验确定，如无资料，一般可采用下列数值：

钢芯铝线：$3 \times 10^{-4} \sim 4 \times 10^{-4}$；

轻型钢芯铝线：$4 \times 10^{-4} \sim 5 \times 10^{-4}$；

加强型钢芯铝线：3×10^{-4}；

钢钢绞线：1×10^{-4}。

（2）降温法。

降温法是目前广泛采用的初伸长补偿方法，即将紧线时的气温降低一定的温度 Δt，然后按降低后的温度，从安装曲线查得代表档距的弧垂。

最后再按式（4-9）计算出观测档距的弧垂，该弧垂即为考虑了初伸长影响的紧线时的观测弧垂。

$$\Delta t = \frac{\varepsilon}{\alpha} \qquad\qquad （4\text{-}10）$$

式中　Δt——需降低的温度；

ε——导线初伸长率；

α——导线膨胀系数，1/ ℃。

当架线温度取比实际温度低 Δt ℃，即可补偿初伸长的影响。

对于不同种类的导线和避雷线，在考虑初伸长的影响时，其降低的温度值是不同的，Δt 的值可根据式（4-10）来确定，与前面推荐的各种导线和避雷线初伸长率相对应的降温值如下：

钢芯铝线：15 ~ 20 ℃

轻型钢芯铝线：20 ~ 25 ℃

加强型钢芯铝线：15 ℃

钢钢绞线：10 ℃

二、导线架设前的准备

（一）调查和分工

展放负责人应会同各组长对沿线情况进行周密的调查和分工。

表 4-20　人员分工

序号	项目	人数	备注
1	工作负责人	1	
2	操作	9	

（二）准备工机具

表 4-21　工机具清单

序号	名称	规格	单位	数量	备注
1	断线钳	大号	把	1	
2	卷尺	50 m	把	1	
3	吊绳	$\phi 12$，$L = 10$ m	根	3	
4	脚扣		副	3	
5	开口铝滑轮		套	1	$\phi_{滑轮} \geq 10\phi_{导线}$
6	手搬葫芦		套	1	
7	紧线器		套	1	
8	绞磨（或卷扬机）		台	1	
9	牵引绳		根	1	紧线用
10	滑车组		套	1	
11	弛度板		套	2	

注：开口塑料滑轮直径不应小于绝缘线外径的 12 倍，槽深不小于绝缘线外径的 1.25 倍，槽底部半径不小于0.75 倍绝缘线外径，轮槽槽倾角为 15°。

（三）准备材料

表 4-22　材料清单

序号	名称	规格	单位	数量	备注
1	导线	LGJ-240	m	150	
2	耐张线夹	240 型导线用	个	6	
3	悬垂线夹	240 型导线用	个	3	
4	铝包带	1×10 mm	盘	1	
5	绑扎线		m		按需量取
6	悬式绝缘子		片	15	

（四）钢芯铝绞线压接管液压连接

1. 划印割线

钢芯铝绞线对接式接续的穿管如图 4-9 所示。自钢芯铝绞线端头 O 向内量 $1/2l_1 + \Delta l_1 +$

200 mm 处以绑线 P 扎牢（可取 $\Delta l_1 = 10$ mm），自 O 点向内量 $1/2 l_1 + \Delta l_1$ 处划一割铝股印记 N，松开原钢芯铝绞线端头的绑线，为了防止铝股剥开后钢芯散股，故松开绑线后先在端头打开一段铝股，将露出钢芯端头以绑线扎牢，然后用切割器切割铝股。切割内层铝股时，只割到每股直径 3/4 处，然后将铝股逐股掰断，以防伤及钢芯。

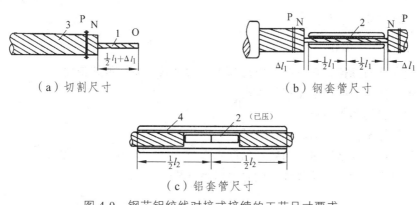

（a）切割尺寸　　　　　　　　　（b）钢套管尺寸

（c）铝套管尺寸

图 4-9　钢芯铝绞线对接式接续的工艺尺寸要求

1—钢芯；2—钢接续管；3—铝线；4—铝接续管

2. 钢接续管压接

先在钢芯铝绞线一端套入铝接续管，松开剥露钢芯上绑线，将钢芯按原绞制方向旋转推入钢接续管，直到钢芯两端相抵，两预留 Δl_1 长度相等。钢接续管装好后，放入液压机钢模内，在钢接续管中心压下第一模，向一端连续压下第二模、第三模……直至钢接接续管端，然后，再从中间向另一端连续压下第二模、第三模……直至钢接接续管端。如图 4-7（a）所示。

3. 铝接续管压接

压好钢接续管后，先将导线压接部分清洗净化，涂好电力脂、擦刷氧化膜；再找出钢管中点 O，向两端铝线上各量出铝管长之半处做印记 A；最后将铝管顺铝绞线绞制方向推入，直到两端管口与铝线上定位印记重合。参看图 4-10。这时在铝接续管外进行液压，铝接续管钢接续管重叠部分不压，压接顺序是由重叠处两端各让出 10 mm 处开始分别向两端进行，压完一边再压另一边。如图 4-10（b）所示。

注意：液压操作施压时要以每模达到规定压力为准；两模间至少重叠 5 mm。

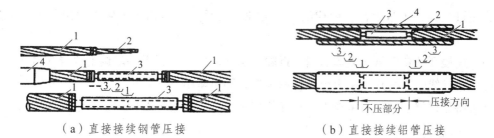

（a）直接接续钢管压接　　　　　　（b）直接接续铝管压接

图 4-10　钢芯铝绞线连接

1—钢芯铝绞线；2—钢芯；3—钢管；4—铝管

4. 锉掉飞边，将铝管锉成圆弧状；钢管锌皮脱落者，应涂以富锌漆防锈

三、导线架设

（一）机械放线

1. 放线前的准备工作

（1）放线滑车的悬挂：在直线杆塔绝缘子串的金具上悬挂放线滑轮。

（2）在耐张杆塔的横担上悬挂放线滑车。

（3）布置牵引场和张力场。

（4）搭设跨越架。

（5）准备好通信联络工具，布置通信联系。

（6）沿线障碍已消除，跨越线路的停电联系工作。

2. 展放导引绳

（1）用人力展放导引绳。

（2）当线头放过杆塔几十米后，挂线组应将线回松吊上杆塔穿过滑车，放一档线挂一基杆塔，直至将全耐张段导线挂至滑车上。

（3）每个放线段需展放 3~5 个导引绳，采用抗弯连接器连接。

（4）导引绳展放完毕后在放线区段两段将其临时锚固，并使导引绳保持一定的张力。

3. 展放牵引绳

（1）将已展放的导引绳的一端与小张力车上的牵引绳连接，另一端与小牵引机连接。

（2）开动小牵引机和小张力机，通过导引绳将牵引绳牵引，展放到各杆塔的放线滑车上。

（3）牵引绳展放完毕后，将其两端进行锚固。

4. 展放导线

（1）将牵引钢丝绳绕在牵引机的绕线轮上，其绕线方向由内向外绕，上进上出，顺槽绕满后引出并与绕线盘连接固定。

（2）在张力场侧先用尼龙绳绕在张力轮上，尼龙绳的一端与线盘上的导线连接。

（3）慢慢开动张力机，用尼龙绳带动导线，使导线绕在张力轮上。导线绕在张力轮上的方向为左进右出，上进上出。导线绕在张力轮上之后，线端由张力轮上引出与牵引板连接牢固。

（4）慢慢开动牵引机收紧牵引绳，拆除牵引绳的临锚，根据要求调整放线张力和牵引张力，待各自导线张力一致、牵引板保持平衡后，即可牵引导线。

（5）将导线展放在放线滑车上，待导线展放完毕后，将导线两端临时锚固在地面上。

5. 拆除牵引设备

完成张力放线，拆除牵引设备，转入下一道工序。

（二）紧 线

接受工作任务，进行现场查勘，制订施工"三措"，确定张力放线方案。开工前召开工前会，交代工作任务，进行技术交底，安全注意事项，进行危险点分析及预控，对作业人员进行分工。

1. 紧线前的准备工作

（1）按所需器材型号、规格、数量准备作业工器具及材料。

（2）对作业工器具进行外观检查。

（3）检查紧线段内基础混凝土以及各杆塔强度。

（4）耐张杆塔调整好永久拉线，并在两端杆塔受力反方向侧打好临时拉线和各项补强措施。

（5）埋设牵引地锚。

（6）派专人检查导地线有无障碍物挂住，导地线在放线滑轮内是否掉槽和被卡住，交叉跨越处的安全措施是否妥当。

（7）在紧线段内的跨越架、树木、河塘、房舍、交通要道等处以及压接管过滑轮处和各杆塔附近均应设专人看护，并保持对讲机通信畅通。

（8）观测弧垂人员就位，牵引机准备就绪。

2. 紧线流程

紧线区段所有的准备工作都做好之后，工作负责人统一指挥，下令开启牵引机，紧线开始。

（1）观察弧垂，在换线区段选取观测档，根据设计要求的弧垂，从导线悬垂线夹分别量取所要观测的弧垂，在两侧杆塔上绑上弛度板。观测人员用两弛度板、弧垂点三点一直线的原理在紧线的过程中来确定导线是否紧好。

（2）导地线弧垂符合设计要求时，安装耐张线夹。

（3）挂线后应缓慢放松牵引绳。边松边调整永久拉线和临时拉线，并观测杆塔有否变形。

（4）架线后测量对被跨越物的净空距离。

（5）拆除紧线工器具。

（三）固定导线

1. 操作程序

将手扳葫芦的挂钩挂在导线上（不影响安装线夹的位置），横担上1人收紧导链，取下放线滑轮，在导线上悬垂线夹安装位置缠绕铝包带。装上悬垂线夹，拧紧U型螺丝，将碗头与线夹的连板用穿钉连接好，戴上螺帽，并插好弹簧销子。放松手扳葫芦，使导线落至绝缘子串下端时停止下落。杆塔上1人下至导线上，系好安全带及二道保护后，将线夹上的碗头与绝缘子下端的球头相连接，插上弹簧销子。横担上1人继续放落导线，使绝缘子串受力，取下手扳葫芦。

2. 质量要求

铝包带应紧密缠绕，其缠绕方向应与外层铝股的绞制方向一致；所缠铝包带可露出夹口，但不应超过 10 mm，其端头应回夹于线夹内压住。

螺栓及穿钉的穿向：

（1）悬垂串上凡能顺线路方向穿入者一律宜向受电侧穿入，特殊情况两边线由内向外，中线由左向右穿入。

（2）耐张串上一律由上向下穿，特殊情况由内向外，由左向右。

金具上所用的开口销的直径必须与孔径配合，且弹力适度。

四、危险点分析及作业安全注意事项

（一）放线时的危险点分析及作业安全注意事项

（1）各工器具连接组合要合适。必须保证所用的工器具在定期试验周期内，不得超期使用。

（2）使用前必须进行外观检查，并正确使用。

（3）转角塔如果牵引力的受力平面对滑轮面的倾斜度较大，易发生跳槽，可用拉绳使其预偏。

（4）检查好放线滑轮，对于转轴不好的不能使用。

（5）在架设跨越架时保证其长宽度符合标准，采取两侧加装拉线或撑杆，防止倒塌。

（6）放线前，沿线勘查保证对沿线障碍消除情况的了解。

（7）保证联系畅通，控制好领线人和看线盘人员的协调。

（8）在线头穿入放线滑轮时，不应强用力，使导线受伤。

（9）当导引绳被卡住、挂住时，应立即用通信工具通知全线施工人员，进行处理。

（10）高空作业人员不得进行违章操作，不管大小工作，都应打好安全带和二道保护绳。

（11）各位置人员应协调一致。

（12）发生滑车转动不灵活、跨越架不牢固、摩擦严重等意外情况时，应先停牵引机，再停张力机，以免发生导线受力严重拉断等问题。

（13）当存在平行或交叉带电线路感应电较大等情况，应将牵张机可靠接地，当有雷声时应立即停止，避免雷击发生。在带电跨越架的两侧，放线滑轮应接地。

（二）紧线时的危险点分析及作业安全注意事项

（1）工作负责人根据作业人员的技术状况、身体素质等条件对作业人员进行合理分工。

（2）各工器具连接组合要合适，工器具满足荷载要求。必须保证所用的工器具在定期试验周期内，不得超期使用。

（3）在重要的交叉跨越处必须设专人监护，并且保证通信联系始终畅通，出现问题随时汇报，停止牵引，处理后方可继续牵引。

（4）紧线时，导地线正下方严禁有人作业或逗留。

（5）严禁任何人站在线圈和线弯的内侧。

（6）牵引的导地线即将离地时，严禁横跨导地线。

（7）杆塔上作业必须使用安全带及二道保护，安全带系在牢固的构件上，防止在端部脱出或被锋利物伤害。系安全带后必须检查扣环是否扣牢。在杆塔上作业转位时，不得失去安全带保护。

（8）安装耐张线夹应满足下列要求：

① 使用卡线器在高空安装时，应采取防止跑线的可靠措施。

② 使用螺栓线夹在高空安装时，必须将螺栓整齐、拧紧，然后方可松牵引绳。

③ 在杆塔上割断的线头应用传递绳放下。

④ 采用松线在地面安装时，导地线应锚固牢靠。

连接金具靠近挂线点时，应停止牵引，然后挂线人员方可由安全位置到挂线点挂线。

（三）固定导线时的危险点分析及作业安全注意事项

（1）为防止物件意外脱落伤人，拉绳及留绳人员均应站在离开正下方一定距离。

（2）上下传递物品要用绳索，严禁抛扔。杆塔下作业人员不得在传递物品正下方逗留。

（3）当与带电线路平行段较长时，线路存在有感应电，在平行段内加挂接地线，防止感应电伤人。

（4）安全带及二道保护应系在横担主材上，安全带不够长时，应系在绝缘子串上。严禁系在导线及手扳葫芦上。

思考与练习

一、填空题

1. 对杆塔而言档距是指相邻两（　　　　　）之间的水平距离，对于导线设计而言档距是指相邻两（　　　　　）间的距离。

2. 代表档距是一个假设的档距，在代表档距下，导线应力的变化规律与实际耐张段各档距中导线应力的变化规律（　　　　　）。代表档距又称（　　　　　）档距或（　　　　　）档距。

3. 临界档距是指在最低低温度和最大荷载时都能形成导线（　　　　　）应力的假设档距。当代表档距大于临界档距时，导线的最大应力在（　　　　　）时出现。

4. 导线安装曲线就是以（　　　　　）为横坐标，以（　　　　　）或（　　　　　）为纵坐标，利用导线的状态方程式，将不同档距、不同气温时的弧垂和应力绘成曲线。

5. 放线滑车应悬挂在直线杆塔的（　　　　　）上，耐张杆塔的（　　　　　）上。

6. 机械放线的程序是：先放展放（　　　　　），再展放（　　　　　），最后展放（　　　　　）。

7. 观察弧垂,在换线区段选取观测档,根据设计要求的弧垂,从导线悬垂线夹分别量取所要观测的（　　　　　　　　　　），在两侧杆塔上绑上（　　　　　　　　　）。观测人员用两弛度板、弧垂点三点一直线的原理在紧线的过程中来确定导线是否紧好。

8. 铝包带应紧密缠绕,其缠绕方向应与（　　　　　　　　　）方向一致；所缠铝包带可露出夹口,但不应超过 10 mm,其端头应回夹于（　　　　　　　）内压住。

9. 金具上所用的开口销的直径必须与（　　　　　　　）配合,且弹力适度。

10. 在线头穿入放线滑轮时,不应（　　　　　　　），使导线受伤。

11. 高空作业人员不得麻痹违章,不管大小工作,都应打好（　　　　　　）和（　　　　　）。

12. 紧线时,导地线正下方严禁（　　　　　　　）。

13. 上下传递物品要用（　　　　　　　），严禁（　　　　　　　）。杆塔下作业人员不得在传递物品正下方（　　　　　　　）。

14. 当与带电线路平行段较长时,线路存在有感应电,在平行段内加挂（　　　　　　　　），防止感应电伤人。

15. 安全带及二道保护应系在（　　　　　　　）上,安全带不够长时,应系在绝缘子串上。严禁系在导线及手扳葫芦上。

二、简答题

1. 架空配电线路进行架设施工时,观察弧垂应如何确定?

2. 机械放线前应做好哪些准备工作?

3. 机械放线的作业流程是什么?

4. 紧线时有哪些危险点及作业安全注意事项?

5. 固定导线时有哪些危险点及作业安全注意事项?

第五章　电力电缆配电线路施工

课题一　电力电缆的运输与保管

【学习目标】

（1）普通和充油高压电缆的装运。

（2）电缆及其附件的检查验收与存放保管。

【知识点】

（1）了解电缆的结构、组成与常用分类。

（2）作业要求流程规范。

（3）熟悉电缆盘的装运、卸车与滚动的施工程序。

【技能点】

（1）能编制运输和装卸电缆盘的工作流程。

（2）能按要求进行电力电缆的装运。

【学习内容】

一、基础知识

（一）电力电缆的组成

电力电缆通常是由高导电系数材料（铜、铝）组成的导电线芯，并由绝缘纸、橡皮、塑料等绝缘材料组成的重型绝缘层和保护层，以防止机械损伤、化学腐蚀和潮气等作用，如图 5-1 所示。

图 5-1　电力电缆的组成

由于电力电缆线芯截面较大，绝缘侧较厚，电气性能要求高，保护层结构质量要求高，因此，对电力电缆正确的安装、使用和维护是电力行业的重要任务，如图5-2所示。

（a）

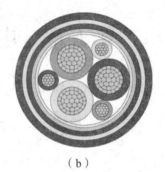
（b）

图 5-2　电力电缆的内部结构

（二）电力电缆的典型结构要求

电力电缆用于电力的传输与分配网络。因此，它必须满足输电、配电网络对电力电缆提出的各项要求：

（1）能承受电网电压。包括工作电压、故障过电压和大气操作过电压。

（2）能传送需要传输的功率。包括正常和故障情况下的电流。

（3）能够满足安装、敷设、使用所需要的机械强度和可取度，并耐用可靠。

（4）材料来源丰富、性价比高、工艺简单、成本低。

（三）电力电缆的分类

电力电缆可以按具体用途，采用的绝缘材料，传输的电能形式以及不同的结构特征和运行环境有如下分类，不同电缆如图5-3所示。

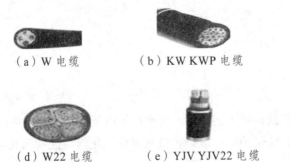

（a）W 电缆　　　（b）KW KWP 电缆　　　（c）SYWV 电缆

（d）W22 电缆　　　（e）YJV YJV22 电缆　　　（f）YQ YI YC 电缆

图 5-3　不同的电力电缆

（1）按绝缘材料分类：油纸绝缘、塑料绝缘和橡胶绝缘。

（2）按传输电能形式分类：交流电缆和直流电缆。

（3）按结构特征分类：统包型、分相型、钢管型、扁平型和自容型。

（4）按敷设环境分类：直埋（土壤）、架空和水下电缆。

（5）其他分类：按电压等级有高压、低压电缆，按电缆芯数有单芯、多芯电缆等。

（四）普通电缆的运输要求

（1）电力电缆一般是缠绕在电缆盘上进行运输、保管和敷设施放的，运输中严禁从高处扔下电缆或装有电缆的电缆盘，特别是在较低温度时（一般为 5 ℃ 及以下），扔、摔电缆将有可能导致绝缘、护套开裂。

（2）30 m 以下的短段电缆也可按不小于电缆允许的最小弯曲半径卷成圈子或 8 字形，并至少在四处捆紧后搬运；尽可能避免在露天以裸露方式存放电缆，电缆盘不允许平放。

（3）吊装包装件时，严禁几盘同时吊装。在车辆、船舶等运输工具上，电缆盘要用合适方法加以固定，防止互相碰撞或翻倒，以防止机械损伤电缆；在运输和装卸电缆盘的过程中，关键问题是不要使电缆受到损伤，绝缘遭到破坏。

（4）电缆运输前必须进行检查，电缆盘应完好牢固，电缆封端应严密，并牢靠的固定和保护好，若发现问题应处理好后才能装车运输。

（五）高压充油电力电缆的运输要求

（1）充油电缆出厂前，应按国家有关标准和技术条件进行出厂验收和外观检查，并保证电缆安全可靠的运输，防止存在问题的产品进入工地，处理困难。

（2）当电缆的额定电压增加后，电缆的直径和弯曲半径也在增大，导致电缆盘轮毂直径和体积同步增大，其结果导致电缆盘直径增大。对于起吊、搬运都较困难，若用普通货车或载重车运输时，则受到桥梁、涵洞高度的限制。铁路运输时采用凹形车皮，使其高度降低。公路运输时如果没有高度的限制可采用平板拖车运输。

（3）电缆盘应包装好，避免机械损伤。盘边应垫塞牢固，并牢靠的固定在车上。电缆至压力箱间的油管路及压力表应妥善固定和保护。电缆端头应可靠的固定，防止电缆运输和吊装时发生晃动、碰撞。

（4）由于电缆的外护层为黑色，在太阳的直接照射下，将吸收热量使电缆的油压随温度上升而升高。若电缆端头的铅护套保护不好，将使铅套破裂漏油。因此，充油电缆应遮蔽好，防止太阳直射。

（5）充油电缆运输中内部经常需要保持一定的油压，以防止空气和水分的侵入。运输中还应有专人跟车进行监护，并按时抄录油压、气温，防止电缆及其附件受到损伤，如发现问题应及时处理。

（六）电缆盘的装运要求

电缆盘样式如图 5-4 所示。

图 5-4　电缆盘的样式

（1）装卸电缆盘一般采用吊车。起重指挥人员必须经过培训，取得合格证书。装卸时在电缆盘的中心孔中穿一根钢轴，在轴的两端套上钢丝绳起吊。有的电缆盘中心即为盘轴，轴两端设有槽，可直接套上钢丝绳起吊。不允许将钢丝绳直接穿入电缆盘的内容中起吊。

（2）装卸电缆盘时严禁把几盘电缆同时吊装。

（3）严禁将电缆从运输车上直接推下。较小型的电缆，可以用木板搭成斜坡，再用绞车或绳子拉住电缆盘沿斜坡慢慢滚下。

（4）人力搬运短段电缆重物时，必须同时起立和放下，互相配合，以防损伤。上斜坡时，后面人员的身高应比前面的人员高，下坡时反之。

（七）电缆盘的保管

（1）电缆盘应放入库房内或四周有遮蔽的货棚内，避免日晒雨淋，过冷过热，以防止金属材料锈蚀或绝缘材料发粘变形，硬化变脆；严禁与酸、碱及矿物油类接触，要与这些有腐蚀性的物质隔离存放。贮存电缆的库房内不得有破坏绝缘及腐蚀金属的有害气体存在。

（2）温、湿度的要求和绝缘电线相同；电缆盘严禁与酸、碱及矿物油类物质接触，应隔离存放。

（3）电缆盘可重叠码垛，垛形为立放压缝，不得平放，码垛以立码两盘为宜；电缆盘垛底层两端应用三角形木块卡住，以防滚动塌垛。垛底可根据地面防潮情况，适当垫高；电缆盘在搬运或码垛时，应按照木盘或铁盘上标明的箭头方向滚动。

（4）电缆盘在保管期间要勤于检查，如发现油浸电缆漏油应及时封焊，若发现有麻保护层的电缆或无麻保护层的钢带铠装电缆沥青熔化、钢带生锈，应立即采取措施用沥青涂上，若发现裸铅包电缆的表面穿孔或凹陷等机械损伤，应用铅封补。

（5）电缆盘在保管期间，应定期滚动（夏季）3个月一次，其他季节可根据情况适当延长时间。滚动时，将向下存放盘边滚翻向上，以免底面受潮腐烂，并能使电缆内部的绝缘液体分布均匀，存放时要经常注意电缆封头是否完好无损。

（6）电缆贮存期限以产品出厂期为限，一般不宜超过一年半，最长不超过二年。

二、施工前的准备

（一）人员分工

表5-1 人员分工

序号	项目	人数	备注
1	安全防护	1	
2	电力电缆装运	2	

（二）所需工机具与材料

表 5-2　工机具与材料清单

序号	名称	规格	单位	数量	备注
1	电缆盘		台	1	
2	吊车		辆	1	
3	橡胶垫		只	30	
4	硬木板		个	10	
5	绞车		台	2	
6	大小撬棍		根		视实际情况而定
7	钢轴		根		根据电缆数而定
8	大麻绳		根		视实际情况而定
9	钢丝绳		m	10	
10	覆盖帆布	500×500 cm	片	1	
11	接地箱		台	5	
12	防火覆料	500×500 cm	片		根据电缆数而定
13	电缆支桥		个	5	
14	其他金具		个		视实际情况而定

（三）作业条件

（1）电缆盘按规定标准进行装运。

（2）电缆盘吊运过程中，注意吊车下严禁站人。

三、操作程序

（一）电缆盘的装运

（1）装电缆盘主要采用吊车，电缆盘在车上运输时，应将电缆盘放稳并牢靠地固定，电缆盘边应垫塞好，防止电缆盘晃动、互相碰撞或倾倒；装车后，应将电缆盘牢靠地固定，重量较轻、盘径不大的电缆盘可以使用一般的槽型卡车运输。

（2）电缆盘运输前必须进行检查，电缆应完好，电缆封端应严密；电缆的内、外端头及充油电缆与压力箱之间的油管在盘上都要牢靠地固定，避免在运输过程中受震而松动；压力箱上的供油阀门应在开启状态，压力指示正常；重量和盘径较大时，最好用专用拖车运输。

（3）电缆盘在车上运输时，外面应做好防护。必须将电缆盘放稳并牢靠的固定，电缆盘边应垫塞好，防止电缆盘出现晃动、碰撞或倾倒。

（4）电缆盘不允许平放装车，平放装车会使电缆缠绕松脱，也易使电缆与电缆盘损坏。如图 5-5 所示。

图 5-5　电缆盘装运设备

（二）电缆盘的滚动

（1）电缆线盘的放置地应坚实，防止倾倒压伤电缆、设备和人员。

（2）短距离搬运电缆线盘时，允许将电缆盘滚动，但其滚动方向必须与线盘侧面上标识的箭头方向（顺着电缆缠紧的方向）一致。

（3）电缆盘在地面滚动时必须控制在小距离范围内。滚动电缆线盘时，应有人指挥和熟练操作工人控制方向（顺着电缆紧缠方向），若反向滚动会使电缆退绕而松散、脱落。

（三）电缆盘卸车

（1）卸车时，如果没有起重设备，严禁将电缆盘从运输车上直接推下。因为直接推下，不仅使电缆盘受到破坏，而且电缆也容易遭受机械损伤。

（2）较小型的电缆盘，可用木板搭成斜坡，再用绞车或绳子拉住电缆盘沿斜坡慢慢滚下，装卸电缆盘时严禁几盘同时吊装。

（四）电缆及附件的检查验收

电缆及附件运到现场后应及时进行检查和验收，其项目如下：

（1）按照施工设计和订货的清单，清查电缆的规格、型号和数量是否相符。检查电缆及其附件的产品说明书、实验检验合格证、安装图纸资料是否齐全。

（2）电缆盘及电缆是否完好无损，充油电缆还要检查电缆盘上附件是否完好。其规格尺寸应符合制造厂图纸的要求。绝缘材料的防潮包装及密封应良好。

（3）充油电缆的油压随环境温度的升降而增减，在存放时应使压力箱内的油有一定的容量，以保证电缆在环境最低温度时，其油压不低于 0.05 MPa。

（五）电缆及附件的存放与保管

电缆及其附件运到工地后，一般都要运到仓库保管存放，有的作为备品备件或其他原因，存放时间会更长。电缆及其附件存放时，必须妥善保管，以免造成损伤，影响使用，因此应注意以下几点。

（1）电缆盘上应标明电缆型号、电压、规格和长度。电缆盘的周围应有通道，便于检查，地基应坚实，电缆盘应稳固，存放不得有积水。

（2）电缆盘不得平卧放置。室外存放充油电缆时，应有遮蓬，防止太阳直接照晒电缆，并有防止遭受机械损伤和附件丢失的措施。

（3）电缆终端和中间接头的附件应当分类存放在干燥、通风、有防火措施的室内。存放有机材料的绝缘部件、绝缘材料的室内温度应不超过 35 ℃。充油电缆的绝缘纸卷筒，密封应良好。

（4）存放过程中应定期检查电缆及其附件是否完好。对于充油电缆，还应检查油压是否正常。发现密封端有渗漏油时可进行修补，如暂时无法处理，应对压力箱进行补油，防止油压降至零。如果油压降至零或出现负压，电缆内将吸进空气和潮气，此时应马上进行处理。处理前不要滚动电缆盘，以免空气和水分在电缆内窜动，给处理增加难度；较长时间存放的充油电缆，可装设油压报警装置，以便仓库保管人员能及时发现问题。

（5）其他材料主要包括接地箱和交叉互联箱、防火材料、电缆支桥、桥架和金具等。

接地箱、交叉互联箱要存放于室内，对没有进出线口封堵要在箱内放置防潮剂并增加临时封堵。

防火涂料、包带、堵料等防火材料，应严格按制造厂提供的产品技术性能对其包装、温度、时间等的保管要求进行保管存放，以免材料失效报废。

电缆支架、桥架暂时不能安装时，应分类保管；装卸存放一定要轻拿轻放，不得摔打，以防变形和损伤防腐层，影响施工和桥架质量。

存放电缆金具时，不要破坏金具的包装箱；终端用的瓷套等易碎绝缘件，存放时应放于原包装箱内，用塑料泡沫、草袋、木料等围遮包牢。

思考与练习

一、填空题

1. 电力电缆一般是缠绕在（　　　）上进行运输、保管和敷设施放的。（　　　）以下可按不小于电缆允许的最小弯曲半径卷成圈子，并至少在四处（　　　）后搬运。

2. 在运输和装卸电缆盘的过程中，关键的问题是不要使电缆受到（　　　）、电缆的绝缘受到（　　　）。

3. 电缆运输前必须进行（　　　），电缆盘应完好牢固，电缆封端应严密，并牢靠地固定和（　　　）。如果发现问题应处理好后才能（　　　）；电缆盘在车上运输时，应将电缆盘牢靠地固定。

4. 装卸电缆盘一般采用（　　　）进行，卸车时如果没有起重设备，不允许将电缆盘直接从载重汽车上直接推下。可以用（　　　）搭成斜坡的牢固跳板，再用绞车或绳子拉住电缆盘使电缆盘慢慢滚下。

5. 电缆盘在地面上滚动必须控制在小距离范围内，滚动的方向必须按照电缆盘侧面上（　　　）。如果采用反向滚动会使电缆退绕而松散、脱落。电缆盘（　　　）将使电缆缠绕松脱，易使电缆与电缆盘损坏。

6. 电缆及其附件运到工地后，一般都要运到（　　　）存放，有的作为（　　　）或其他原因，存放时间会更长。电缆及其附件存放时，必须妥善保管，以免造成损伤，影响使用。

7. 存放过程中应定期检查（　　　　　）是否完好。对于充油电缆，还应检查（　　　　　）是否正常。发现密封端有渗漏油时可进行（　　　　　），如暂时无法处理，应对压力箱进行补油，防止油压降至零。如果油压降至零或出现负压，电缆内将吸进（　　　　　），此时应马上进行处理。处理前不要滚动电缆盘，以免空气和水分在电缆内窜动，给处理增加难度；较长时间存放的充油电缆，可装设（　　　　　），以便仓库保管人员能及时发现问题。

二、简答题

1. 电缆的外护层为什么是黑色？对电缆本身有何影响？

2. 电缆盘卸车时为什么不能直接推下？而应用起重设备或绞车拉住电缆慢慢滚下？

3. 电缆及其附件的检查验收项目包括哪些？

4. 电缆运输前的检查项目都有哪些？

课题二　电力电缆直埋敷设

【学习目标】

（1）掌握直埋电缆敷设的特点、技术要求与工程准备。

（2）会编制出最佳的施工流程。

（3）养成安全、规范操作习惯和良好的沟通习惯及解决问题的能力。

【知识点】

（1）电缆敷设的一般要求和基本敷设方式。

（2）电缆直埋敷设的要求。

【技能点】

直埋电缆敷设的施工方法与工艺。

【学习内容】

一、基础知识

（一）电缆敷设的一般要求和敷设方式

1. 电缆敷设的一般要求

（1）电缆敷设前应进行下列检查：支架应齐全、油漆应完整；电缆型号、电压、规格应符合设计；电缆绝缘良好；当对油纸电缆的密封有怀疑时，应进行潮湿判断；直埋电缆与水底电缆应经直流耐压试验合格。

（2）电缆敷设时，不应破坏电缆沟和隧道的防水层；在三相四线制系统中使用的电力电缆，不应采用三芯电缆另加一根单芯电缆或导线、电缆金属护套等作中性线的方式。在三相系统中，不得将三芯电缆中的一芯接地运行。

（3）三相系统中使用的单芯电缆，应组成紧贴的正三角形排列（水底电缆可除外），并且每隔 1 m 应用绑带扎牢；并联运行的电缆，其长度应相等。

（4）电缆敷设时，在电缆终端头与电缆接头附近可留有备用长度。直埋电缆还应在全长上留少量裕度，并做波浪形敷设。

（5）电缆各支持点间的距离应按设计规定，电缆敷设时，电缆从盘的上端引出，应避免电缆在支架上及地面摩擦拖拉，电缆上不得有未消除的机械损伤（铠装压扁、电缆绞拧、护层断裂等）。

（6）电缆敷设时不宜交叉，电缆应排列整齐，加以固定，并及时装设标志牌；直埋电缆沿线及其接头处应有明显的方位标志或牢固的标桩。

（7）沿电气化铁路或有电气化铁路通过的桥梁上明敷电缆的金属护套，应沿其全长与金属支架或桥梁的金属构件绝缘。

（8）电缆进入电缆沟、隧道、竖井、建筑物、盘（柜）以及传入管子时，出入口应封闭，管口应封闭。

2. 电缆敷设方式

电缆敷设的常用方式可分为直埋、隧道、沟槽、排管及悬挂等。各种敷设方式都有优缺点，具体采用哪一种方式，应根据电缆数量级路线的周围环境条件来决定。敷设一般包括两个阶段：准备阶段和施工阶段。

（1）准备阶段工作：路径复测；检查敷设电缆及其所需的各种材料及工器具是否合格、齐全；决定电缆中间接头的位置；将电缆安全运送到便于敷设的现场等。

（2）施工阶段。

① 放样划线：根据设计图纸和复测记录，决定敷设电缆线路的走向，然后进行划线。市区内，可用石灰粉和绳子在地上标明电缆沟的位置和电缆沟的开挖宽度，其宽度应根据人体宽度和电缆条数以及电缆间距而定。一般在敷设一条电缆时，开挖宽度为 0.5 m，同沟敷设两条电缆时，宽度为 0.6 m 左右。

② 敷设过路保护管。采用不开挖路面的顶管法或开挖路面的施工方法，使钢管敷设在地下。

③ 挖沟。应垂直开挖，挖出来的泥土分别放在沟的两旁。开挖深度不应小于 0.85 m。在土质松软处开挖时，应在沟壁上加装护板，以防电缆沟倒塌。电缆沟验收合格后，在沟底铺上 100 mm 厚的砂层。

④ 敷设电缆。可采用机械牵引进行电缆敷设。具体做法是先沿沟底放好滚轮，每隔 2 ~ 2.5 m 距离放一个，将电缆放在滚轮上，使电缆牵引时不至与地面摩擦，然后用机械（卷扬机、绞磨）和人工两者兼用的牵引电缆。

⑤ 填沟。电缆放在沟底后，经检查合格，上面应覆以 100 mm 的软土或沙层，盖上水泥保护盖板，再回填土。

⑥ 埋设电缆标示桩。

（二）电缆敷设的技术要求

1. 最大位差

（1）油浸纸绝缘电缆敷设的最低点与最高点之间的最大位差应不超过表 5-3 的规定。

（2）超过规定，可选择适合高落差的其他形式电缆，如不滴流浸渍纸绝缘或塑料绝缘等，必要时也可采用堵油中间接头。铝包电缆的位差可以比铅包电缆的位差大 3～5 m。如表 5-3 所示。

表 5-3 油浸纸绝缘电缆敷设最大允许位差

电压（kV）	电缆护层结构	最大允许敷设位差（m）
1	无铠装	20
	有铠装	25
6～10	铠装或无铠装	15
35	铠装或无铠装	5

2. 弯曲半径

在敷设和运行中不应使电缆过分弯曲。各种电缆最小允许弯曲半径应不小于表 5-4 的规定。

表 5-4 各种电缆最小允许弯曲半径

电缆型式		多芯	单芯
橡皮绝缘电力电缆	无铅包、钢铠护套	10D	
	裸铅包护套	15D	
	钢铠护套	20D	
塑料绝缘电力电缆	无铠装	15D	20D
	有铠装	12D	15D
油浸纸电力电缆	有铠装	15D	20D
	无铠装	20D	
自容式充油（铅包）电缆		20D	

注：表中 D 为电缆外径。

3. 间 距

（1）按设计数值执行。

（2）随着电缆外径和重量增加，应适当增加支撑点，减小支撑点间距，或者明显增加支撑点的强度，如表 5-5 所示。

表 5-5　电缆支撑点间距　　　　　　　　　　　　　（mm）

电缆种类		敷设形式	
		水平	垂直
电力电缆	中低压塑料电缆	400	1 000
	其他中低压电缆	800	1 500
	35 kV 及以上高压电缆	1 500	2 000

4. 电缆保护

（1）进入建筑物、隧道，穿过楼板及墙壁，从沟道引至电杆、设备、墙壁表面等，距地面高度 2 m 以下的一段电缆需穿保护管或加保护装置。

（2）保护管内径为电缆外径的 1.5 倍，保护管埋入地面不小于 100 mm。

（3）敷设在厂房内、隧道内和不填砂电缆沟内的电缆，应采用裸铠装或非易燃性外护套电缆。电缆如有接头，应在接头周围采取防止火焰蔓延的措施。

（4）电缆敷设时，电缆应从电缆盘的上端引出，不应使电缆在支架上及地面摩擦拖拉。电缆上不得有铠装压扁、电缆绞扭、护层折裂等未消除的机械损伤。如图 5-6 所示。

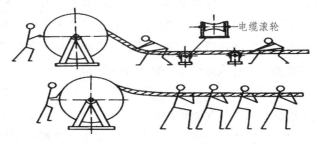

图 5-6　电缆牵引图

（5）最大牵引强度。

机械敷设电缆时的最大牵引强度宜符合表 5-6 的规定。当采用钢丝绳牵引时，高压及超高压电缆总牵引力不宜超过 30 kN。

表 5-6　电缆最大牵引强度　　　　　　　　　　　　N/mm²

牵引方式	牵引头		钢丝网套		
受力部位	铜芯	铝芯	铅套	铝套	塑料护套
允许牵引强度	70	40	10	40	7

（三）直埋电缆敷设的特点与工程准备

1. 直埋敷设特点

（1）概念：将电缆线路直接埋设在地面下的方式称为电缆直埋敷设，埋设深度为 0.7 ~ 1.0 m，电缆上面覆盖 100 ~ 150 mm 细土，并用水泥盖板保护，如图 5-7 所示。

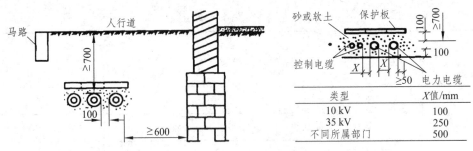

类型	X值/mm
10 kV	100
35 kV	250
不同所属部门	500

图 5-7　直埋电缆施工结构

（2）要求与特点：直埋敷设适用于电缆线路不太密集的城市地下走廊，如市区人行道、公共绿地、建筑物边缘地带等。直埋敷设不需要大量的土建工程，施工周期较短，是一种经济的敷设方式。直埋敷设的缺点是电缆容易遭受机械性外力损伤，容易受到周围土壤的化学或电化学腐蚀，电缆故障修理或更换比较困难。

（3）适用场合：适用于沿同一路径敷设的室外电缆 8 根以下且场地有条件的情况。施工简便，费用低廉，电缆散热性好，但挖土工作量大，还可能受到土壤中酸碱物质的腐蚀等。

2. 直埋敷设工程前期准备

（1）线路位置的确认。电缆线路设计书所标注的电缆线路位置，必须经有关部门确认。敷设施工前一般应申办电缆线路管线执照、掘路执照和道路施工许可证（即"两照一证"）。应开挖足够的样洞，了解线路路径临近地下管线情况，并最后确定电缆线路路径。然后召开敷设施工配合会议，明确各公用管线和绿化管理单位的配合、赔偿事项。如果临近其他地下管线和绿化需迁让，需办理书面协议。

（2）编制工程施工组织设计。首先要明确施工组织机构，制订安全生产保证措施、施工质量保证措施及文明施工保证措施；然后应熟悉工程施工图，根据开挖样洞的情况，对施工图做必要修改，确定电缆分段长度和接头位置。

（3）编制施工计划和敷设施工作业指导书。首先应当确定各段敷设方案和必要的技术措施，然后进行施工前各盘电缆的验收，包括查核电缆制造厂质量保证书。进行绝缘校潮试验、油样试验和护层绝缘试验等。

（4）工程主要材料、机具设备和运输机械的准备。除电缆外，主要材料还有各种电缆附件、电缆保护盖板、过路导管。机具设备包括各种挖掘机械、敷设专用机械、工地临时设施、施工围栏、临时路基板。应根据每盘电缆的重量，制订运输计划及运输设备的准备。高压电缆每盘重达十几吨，应有相应的大件运输装卸设备。

（四）直埋电缆敷设的施工方法

（1）电缆直埋敷设应分段施工，一般以一盘电缆的长度为一施工段。施工顺序为：预埋过路导管，挖掘电缆沟，敷设电缆，电缆上覆盖 15 cm 厚的细土，盖电缆保护盖板及标志带，回填土。当第一段敷设完工清理后，再进行第二段敷设施工。

（2）直埋敷设应符合规程中关于电缆直埋敷设的各项质量标准。

（3）直埋敷设还应注意以下几项具体技术要求：

① 按施工组织设计或敷设作业指导书的要求，确定电缆盘、卷扬机和履带输送机的设置地点。

② 清理电缆沟，排除积水，沟内每隔 2.0～3.0 m 安放滚轮 1 只。电缆沟槽的两侧应有 0.3 m 的通道。施放电缆时，在电缆盘、牵引端、卷扬机、输送机、导管口、转弯角与其他管线交叉等处，应派有经验的人操作或监护，并用无线或有线通信手段，确保现场总指挥与各质量监控点联络畅通。

③ 电缆盘上必须有可靠的制动装置。一般使用慢速卷扬机牵引，速度为 6～7 m/min，最大牵引力为 30 kN。卷扬机和履带输送机之间必须有联动控制装置。

④ 监视电缆牵引力和侧压力。电缆外护套在施工过程中不能受损伤。如果发现外护套有局部刮伤，应及时修补。在敷设完毕后，测试护层电阻、110 kV 及以上单芯电缆外护套应能通过直流 10 kV、1 min 的耐压试验。

（五）直埋电缆敷设施工工艺

（1）挖沟：按照设计图纸规定的电缆敷设路径，用白灰在地面上划出电缆行进的线路和沟的宽度，进行电缆沟的基础施工。电缆沟形状如图 5-8 所示。

基本为一个梯形，对于一般土质，沟顶应比沟底大 200 mm。

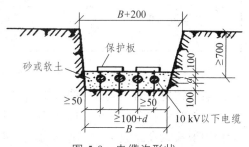

图 5-8　电缆沟形状

挖沟的一般要求：电缆沟的深度，应使电缆表面距地面的距离不小于 0.7 m。穿越农田时，不小于 1 m。在寒冷地区，电缆应埋设于冻土层以下。直埋深度超过 1.1 m 时，可以不考虑上部压力的机械损伤。在引入建筑物、与地下建筑物交叉及绕过地下建筑物处，可浅埋，但一般采用穿保护管的措施。电缆沟的宽度，取决于电缆根数与散热的间距。表 5-7 列出了 10 kV 及以下电力电缆与控制电缆敷设在同一电缆沟内，电缆沟宽与电缆根数的关系。

表 5-7　电缆沟的宽度

名　称		控制电缆根数						
		0	1	2	3	4	5	6
10 kV 及其以下电力电缆根数	0		350	380	510	640	770	900
	1	350	450	580	710	840	970	1 100
	2	550	600	780	860	990	1 120	1 250
	3	650	750	880	1 010	1 140	1 270	1 400
	4	800	900	1 030	1 160	1 290	1 420	1 550
	5	950	1 050	1 180	1 310	1 440	1 570	1 800
	6	1 120	1 200	1 330	1 460	1 590	1 720	1 850

（2）埋保护管：在电缆与铁路、公路、城市街道、厂区道路等交叉处，引入或引出建筑物、隧道处等可能受到机械损伤的地方，都必须在电缆外面加穿一定机械强度的保护管或保护罩。

（3）必要时采取隔热措施：可将加热电缆放在暖室内，用热风机或电炉及其他方法提高室内温度；也可将电缆线芯通入电流，使电缆本身发热。但要注意加热时，将电缆一端线芯短路，并加以铅封，防潮气侵入。电缆允许敷设最低温度如表 5-8 所示。

表 5-8　电缆允许敷设最低温度

电缆类型	电缆结构	允许敷设最低温度℃
油浸纸绝缘电力电缆	充油电缆	−10
	其他油纸电缆	0
橡皮绝缘电力电缆	橡胶或聚氯乙烯护套	−15
	裸铅套	−20
	铅护套钢带铠装	−7
塑料绝缘电力电缆		0
控制电缆	耐寒护套	−20
	橡胶绝缘聚氯乙烯护套	−15
	聚氯乙烯绝缘聚氯乙烯护套	−10

（4）垫沙：在挖好的电缆沟中铺设一层 100 mm 厚的细沙或软土。若土壤中含有酸或碱性等腐蚀物质，则不应做电缆垫层。

（5）敷线：在施放电缆时，不论是采用人工敷设还是采用机械牵引敷设，都须先将电缆盘稳固地架设在放线架上。施放时应使电缆线盘运转自如，在电缆线盘的两侧，应有专人监视，以便在必要时可立即将旋转的电缆线盘刹住，中断施放。按电缆线盘上所标箭头方向滚动，防止因电缆松脱而互相绞在一起。

电缆施放中，不应将电缆拉挺伸直，而应使其呈波状。一般使施放的电缆长度比沟长 0.5%～2%，以便防止电缆在冬季使用时不致因长度缩短而承受过大的拉力。

（6）盖盖板：电缆施放完毕后，应在其上面再铺设一层 100 mm 厚的细沙或软土，然后再铺盖一层用钢筋混凝土预制的电缆保护板或砖块，其覆盖宽度应超过电缆两侧各 50 mm。

（7）立标志牌：电缆施放完毕后，还应按规定在一定的位置上放置电缆标志牌。它一般明显地竖立在离地面 0.15 m 的地面上，以便日后检修方便。

二、施工前的准备

（一）人员分工

表 5-9　人员分工

序号	项目	人数	备注
1	安全防护	1	
2	电力电缆直埋敷设	2	

（二）所需工机具

表 5-10　工机具清单

序号	名称	规格	单位	数量	备注
1	电动机具		套	1	
2	敷设电缆支架及轴		套	1	
3	电缆滚轮	大号	个	2	
4	转向导轮	1.5 kg	个	1	
5	吊链	10 m	把	1	
6	滑轮	ϕ12	个	1	
7	钢丝绳		副	1	
8	大麻绳	皮	副	1	
9	千斤顶	中号	支	1	
10	绝缘摇表		套	1	
11	皮尺	10 m	卷	1	
12	钢锯		个	1	
13	手锤		个	1	
14	扳手		把	2	
15	电气焊工具		套	1	
16	电工工具		套	1	
17	无线电对讲机		个	1	
18	手持扩音喇叭		个	1	

（三）所需材料

表 5-11　材料清单

序号	名称	规格	单位	数量	备注
1	油浸纸绝缘电缆	ZR-VLV	m		按需量取
2	电缆盖板		个	1	
3	电缆标示桩		个	1	
4	电缆标示牌		个	1	
5	油漆		ml		按需量取
6	汽油		ml		按需量取
7	封铅		m		按需量取
8	硬脂酸		ml	1	
9	白布带		套	1	
10	橡皮包		个	1	
11	黑布包		个	1	

（四）材料检查

（1）施工前对电缆进行详细检查：规格、型号、截面、电压等级均符合设计要求，外观无扭曲、坏损及漏油、渗油等现象。

（2）电缆敷设前进行绝缘遥测或耐压试验：要求 1 kV 以下电缆线间及对敌的绝缘电阻不低于 10 MΩ，必要时敷设前仍需用 2.5 kV 摇表测量绝缘电阻是否合格；油浸纸绝缘电缆应立即用焊锡将电缆头封好，其他电缆用橡皮包密封后再用黑布包包好。

（3）采用机械放电缆时，应将机械选好适当位置安装，并将钢丝绳和滑轮安装好；人力放电缆时，将滚轮提前安装好。

三、电缆敷设的操作程序

（一）敷设前的准备工作

1. 现场勘查

根据工程设计书的内容到现场勘查，了解工程内容并收集一下有关资料。

（1）勘查电缆所经地段的地形有无障碍物，校对和记录各地段的长度。

（2）了解及核对地下设施，如上下水管、热力管、煤气管及其他地下管线的位置，以便确定需要挖样洞的位置和数量。

（3）确定电缆穿越各路口需埋设预埋管的方法。

（4）确定挖沟和敷设电缆的方法和次序。

（5）根据这项工程工作特点确定所需的特殊器材。

2. 制定施工计划

根据现场勘测结果制定施工计划，并制定技术措施和安全措施。

根据电缆路径的特点和每盘电缆的长度，确定中间接头的位置和决定电缆拖放的次序。中间接头的绝缘强度一般不及电缆本身，应力争少做接头，尽量避免将接头安排在保护管内及交通要道和地势狭窄不宜开挖检修的地方。几条电缆并沟敷设时，应将中间接头位置错开。为便于敷设，应将电缆放在直线段，短电缆放在路径曲折段。

3. 准备工具、材料

电缆敷设工具主要为挖沟、敷设和锯断电缆及封焊（锯封）三大类。挖沟工具有铁锹、镐、铁撬杠、排水工具等，敷设工具有钢轴、电缆盘支架、钢丝绳和滑轮等。锯封工具材料有钢锯、喷灯、汽油、钢绑线、封铅、抹布、硬脂酸及自粘袋等。

（二）电缆沟槽的开挖

1. 挖样洞

其目的是了解地下管线的布置情况及了解土质对电缆护层是否有害，以便采取相应措施，电缆与其他地下管线的平行距离一般不小于 0.5 m，距煤气管道不能小于 1 m，距热力管道不应小于 2 m，而且不能直接敷设在其他管线上。因此，样洞的宽度和深度一定要大于施放电缆本身的宽度和深度。挖样洞时应特别仔细，避免损坏地下管线和其他地下设施。

2. 敷设过路管道

电缆与各种道路交叉时，不可能长时间断绝交通，因此要提前将保护管道敷设好，放电缆时就不会影响交通。电缆管道尽可能地用非金属管，因为当电缆金属护套和铁管之间有电位差时，容易因电蚀导致电缆发生故障。在交通频繁的道路敷设管道时，尽可能采用不开挖路面的方法，即采用顶管的方法，就是用油压千斤顶将钢管从道路的一侧顶到另一侧，顶管时，应将千斤顶、垫块及铁管放在道路侧面已开挖好的地方，并将铁管调整好，然后扳动摇臂将铁管顶进土中，当千斤顶到位后再垫以垫块继续顶。直至顶过马路到需要的位置。但铁管进土一端不宜作成尖头，以平头为好，尖头容易在碰到硬物时产生偏斜。当钢管顶到位后，应挖掉管中泥土，两头用木塞堵严，防止掉入异物影响电缆敷设。如图 5-9 所示。

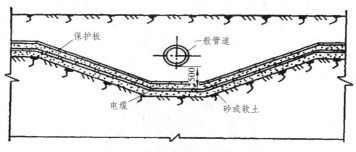

图 5-9　敷设加保护管的电缆

3. 画　　线

根据设计图样并考虑到所挖的样洞、预埋管等决定施放电缆路线，然后用石灰粉画线标出挖土范围。沟的宽度应根据土质、人体宽度、沟深、电缆条数、电缆间距离而定。一般一条 10 kV 电缆沟宽为 0.4～0.5 m，两条 10 kV 电缆沟宽为 0.6 m 左右。10 kV 电缆沟深为 0.7～0.9 m，在画线时还要考虑到在转弯时电缆的弯曲半径的要求。

4. 挖　　沟

10 kV 电力电缆的埋设深度规定为电缆表皮到地面的净距不小于 0.7 m，而电缆的直径再加电缆下面要垫一层细砂或细土。因此，沟的深度应大于 0.9 m，同时还应考虑与其他地下管线交叉应保持的距离。当路面不成形时，还要考虑规划路面的高低。应保持在路面修好后，电缆仍有不小于规程规定的深度，如图 5-10 所示。

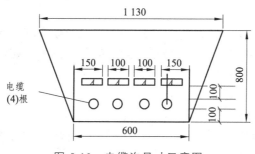

图 5-10　电缆沟尺寸示意图

挖沟时应将路面的坚硬土石与下层的细土分放电缆沟旁，以便电缆施放后从沟旁取土覆盖电缆。沟的两侧应各留 0.3 m 的通道，以便施放电缆人员在施工过程中通行，同时要防止沟边石块等硬物掉入沟内砸坏电缆。

（三）施放电缆

（1）在施放电缆的当天，将掉入沟内的石块及泥土清除，沟底垫以细砂，以保证电缆的埋设深度。

（2）在沟内放置滑轮，一般每隔 2~4 m 放一个。如用多人搬移一根电缆，应考虑每 2~4 m 长就需设一人。在放电缆时以不使电缆下垂碰触地面为原则。

（3）在适当位置架设电缆线盘，应按电缆线盘所标箭头方向滚至预定位置，再将钢轴穿于线盘轴孔中，如在平坦的场所可用铲车两钗拉开拖住线盘，将线盘放到线盘架上去。如铲车不能进的场所，可用千斤顶将线盘顶起架好，其高度应使线盘离开地面 50~60 mm，并能自由转动。在架设线盘时要使钢轴保持水平，防止线盘在转动时向一边移动。在架设线盘时的转动方向应与线盘滚动方向相反，电缆应从上端放出。放线时电缆线盘应有紧急制动装置，如图 5-11 所示。

图 5-11　人工施放电缆

（4）进行严格分工，确定施放指挥人和各项负责人、联络人和现场安全负责人，并布置各岗位职责，以上准备工作完毕，即可施放电缆，此时负责人一般跟随电缆头走，随时了解电缆施放进度并不断与两端及中间工作人员联系，了解有无障碍，及时指挥施放行动。放线速度应均匀，不宜时停时走，在停止以后再启动过程中，因受力不均，容易损伤电缆的绝缘层。

在施放电缆的过程中，监视线盘人员不能站在线盘的正前方。穿过管道时，电缆不应被管口划伤，工作人员在管口旁提电缆时，手应与管口保持 0.5 m 以上的距离，防止管口刮伤手。

电缆放完，核对长度及位置无误后，便可逐段将电缆捋顺并放到沟底，同时对电缆进行外观检查。多条电缆并列敷设时，应将电缆按规定的距离排开摆放好。电缆在沟内不必拉直，应有适当的松弛，以免承受拉力。

电缆放于沟底后，上面覆盖 100 mm 的细砂或细土，然后盖上一层砖或混凝土保护板。保护砖或板的宽度应超过电缆外径两侧各 50 mm 左右，保护板盖好后，即可还土填平夯实，并通知有关部门修复路面。放完电缆后，一般当天就应盖保护板，防止外力损伤电缆。放完电缆并锯断后，两端必须封焊严密，防止浸水受潮。

（四）注意要点

（1）向一级负荷供电的同一路径的两路电源电缆，不可敷设在同一沟内。

（2）电缆的保护管，每一根只准穿一根电缆，单芯电缆不允许采用钢管作为保护管。在与道路交叉时所敷设的电缆保护管，其两端应伸出道路路基两边各 2 m。在与城市街道交叉时所敷设的电缆保护管，其两端应伸出车道路面。

（3）电缆敷设在下列地段时应留有适当的余量，以备重新封端用：过河两端留 3～5 m；过桥两端留 0.3～0.5 m；电缆终端留 1～1.5 m。

（4）电缆之间、电缆与其他管道、道路、建筑物等之间平行或交叉时的最小净距应符合规定；电缆沿坡度敷设时，中间接头应保持水平。

（5）铠装电缆和铅（铝）包电缆的金属外皮两端、金属电缆终端头以及保护钢管，必须进行可靠接地，接地电阻不大于 10 Ω。

思考与练习

一、填空题

1. 直埋电缆虽然施工简单方便，若没用按严格的（　　　　）和（　　　　）进行施工，会造成电缆的直接或间接损坏，且电缆在运行中也将会受到外界的破坏。

2. 施工前必须进行现场（　　　　），画好电缆（　　　　），尽量避开高温和带有化学性质的土壤。在街道广场电缆应敷设在人行道或街道边侧下方，并且距建筑物的基础不得小于（　　　　）。还要考虑与热力管道的距离不得小于（　　　　），电缆交叉时距离不得小于（　　　　），与通信电缆的距离应大于（　　　　）。

3. 电缆埋入地下的深度不应小于（　　　　）（由地面至电缆外皮），所以开挖电缆沟的深度应不大于（　　　　）。为了便于开挖，电缆沟的宽度：单条电缆一般为（　　　　），但多条电缆应考虑不能重叠。电缆间应有一定距离，以便于散热。若有一条电缆发生故障需要修理和更换，不会影响其他电缆的正常运行。电缆沟的宽度应根据电缆的（　　　　）而定。

4. 挖沟完毕，按设计进行验收。沟底应（　　　　），深浅一致，沟底必须有一层良好土层，防止石头或杂物突起，同时要处理好易塌陷的地段。防腐功能的电缆经过带有化学物质的土壤要准备好塑料管，敷设时电缆穿入（　　　　），以防止直接和带有化学物质的土壤接触。穿过道路的电缆必须事先埋设机械强度较高的管子，管子的内径应大于电缆外径的（　　　　）。

5. 敷设电缆时应从（　　　　）上方引出电缆，严禁将电缆拧成死角。施工时交联聚乙烯三芯电缆弯曲半径不得小于电缆外径的（　　　　）（油纸绝缘电缆为 20 倍），放电缆时应顺电缆线圈慢慢拉直，并注意不要将电缆放在地面拖拉以免破坏保护层。放电缆时应注意合理安排（　　　　），以免造成浪费，并尽量减少中间接头，除考虑制作终端头有足够的长度外，还要留有电缆全长的（　　　　）的备用长度。

6. 电缆施放后检查外观应无（　　　　），多余电缆应排列整齐，电缆间要保持一定的距离。竣工后交联聚乙烯电缆弯曲半径不得小于电缆外径的（　　　　），油纸绝缘电缆为（　　　　），油纸绝缘电缆还要注意最高点和最低点的落差不得大于规定值。检查合格后在电缆上面铺（　　　　　）的砂层。然后在砂层上铺设事先准备好的保护盖板，其宽度应超过电缆直径两侧各（　　　　　）。在用土回填电缆沟时，要求逐层夯实以防下陷。直埋电缆应在两端和改变线路的弯头处设有"（　　　　　　　　　　　）"的标识牌。

7. 从电缆沟引出的电缆距地面（　　　　　）的一般应穿镀锌管保护，镀锌管应去毛刺，不应有穿孔、裂缝等。固定电缆的钢支架应焊接牢固并（　　　　　）。

8. 电缆必须经过直流耐压试验合格，核对（　　　　　）准确才能运行；电缆施工完毕后，应画出与施工相符合的（　　　　　），连同电缆技术数据交有关部门存档。

二、简答题

1. 现场勘查的目的是什么，包括哪些项目？

2. 电缆直埋敷设的施工顺序是什么？

3. 电缆直埋敷设的技术要求都有哪些？

4. 电缆沟槽开挖后，都要进行哪些施工项目？

课题三　电力电缆穿管敷设

【学习目标】

（1）排管的结构。

（2）会编制最佳的（省工、省料、误差小）施工流程。

（3）养成安全、规范操作习惯和良好的沟通习惯。

【知识点】

（1）了解电缆敷设的要求及穿管敷设及基本需求。

（2）电缆穿管的种类及敷设规定。

【技能点】

排管的敷设方法。

【学习内容】

一、基础知识

（一）电缆敷设的基本要求

（1）电缆敷设前应核对电缆的型号、规格是否与设计相符，并检查有无有效的试验合格证，如无有效合格证应做必要的试验，合格后方可使用。

（2）敷设前应对电缆进行外观检查，检查电缆有无损伤和两端的铅封状况。对油浸纸绝缘电缆，如怀疑受潮时，可施行检验潮气。其方法是将电缆锯下一段，将绝缘纸一层层剥下，浸入 140～150 ℃ 的绝缘油中，如有潮气会泛起泡沫，受潮严重时油会发出响声和爆炸声。

（3）在电缆敷设和安装的过程中，以及在电缆线路的转弯处，为防止因弯曲过度而损伤电缆，规定了电缆允许最小弯曲半径。如多芯绝缘电缆的弯曲半径不应小于电缆外径的 15 倍，多芯橡塑铠装电缆的弯曲半径不应小于电缆外径的 8 倍等。进行人工放电缆时应遵循上面的允许弯曲半径，不能因施工将电缆损坏。

（4）当采用机械牵引方法敷设电缆时，应防止电缆因承受拉力过大而损伤，因此对电缆敷设时的最大允许牵引强度应按表 5-12 选取。

表 5-12　最大允许温度　　　　　　　　　　　　　（MPa）

牵引方式	牵引头		钢丝网套	
受力部位	钢芯	铝芯	铅套	铝套
允许牵引强度	70 N	40 N	10 N	40 N

当敷设条件较好，电缆的承受拉力较小时可在电缆端部套一特制的钢丝套拖拽电缆。

（5）油浸纸绝缘电缆在低温时，电缆油的粘度较大，油漆不滴流电缆油的粘度更大，因而导致绝缘纸层间的润滑性能降低，使电缆变硬、变脆，弯曲时容易损伤；电缆外护层中的沥青防腐层和油麻，在低温下弯曲极易发生断裂和脱落，将严重影响电缆的防腐性能。因此，当环境温度较低时，进行施工弯曲时，应将电缆预先加热后在进行弯曲。

（二）电力电缆穿管敷设需求

随着城市路网越来越发达，电缆使用量逐渐提升。当通过城市街道和建筑物间的电缆根数较多时，应将电缆敷设于排管或隧道内；在电厂或一些工厂，除了架空明敷电缆或用桥架敷设的电缆外，还将一部分电缆敷设于保护管和排管内；有的地区为了室外地下电缆线路免受机械性损伤、化学作用以及腐殖物质等危害，也采用穿管敷设。

1. 保护管的加工及敷设

（1）电缆保护管的使用范围。电缆进入建筑物、隧道，穿过楼板或墙壁的地方及电缆埋设在室内地下时需穿保护管；电缆从沟道引至电杆、设备或者室内行人容易接近的地方，距地面高度 2 m 以下的一段的电缆需装设保护管；电缆敷设于道路下面或横穿道路时需穿管敷设；从桥架上引出的电缆，或者装设桥架有困难及电缆比较分散的地方，均采用在保护管内敷设电缆。

（2）电缆保护管的选用。电缆保护管一般用金属管者较多，其中镀锌钢管腐蚀性能好，因而被普遍用作电缆保护管。采用普通钢管作电缆保护管时，应在外表涂防腐漆或沥青（埋入混凝土内的管子可不涂）防腐层；采用镀锌管而锌层有剥落时，亦应在剥落处涂漆防腐。

金属电缆保护管不应有穿孔、裂纹、显著地凹凸不平及严重锈蚀等现象，管子内壁应光滑。由于硬质聚氯乙烯管不易锈蚀，容易弯制和焊接，施工和更换电缆比较方便，因此有些单位也采用塑料管作为保护管。但因其质地较脆，在温度过高或过低的场所，或是在易受机械损伤的地方及道路下面最好不要采用。当由于腐蚀的原因必须使用时，应适当埋得深些，其埋置深度应通过计算，使管子受力在允许范围内而不致受到损伤。塑料管的品种较多，应慎重选用。

（3）保护管加工弯曲后不应有裂纹或显著地凹瘪现象，其弯曲程度不宜大于管子外径的10%，每根保护管的弯头不应超过3个，直角弯不应超过22个。弯曲半径一般取为管子外径的10倍，且不应小于所穿入电缆的最小弯曲半径。管口应无毛刺和尖锐棱角，并做成喇叭形或磨光。

（4）保护管的内径不应小于电缆外径的1.5倍。按表5-13选取。

表 5-13 电缆的最小弯曲半径

电缆型式			多芯	单芯
控制电缆			10D	
橡皮绝缘电力电缆	无铅包、钢铠护套		10D	
	裸铅包护套		15D	
	钢铠护套		20D	
聚氯乙烯绝缘电力电缆			10D	
交联聚乙烯绝缘电力电缆			15D	20D
油浸纸绝缘电力电缆	铅包		30D	
		有铠装	15D	20D
		无铠装	20D	
自容式充油（铅包）电缆				20D

注：表中 D 为电缆外径。

（5）埋设在混凝土内的保护管，在浇筑混凝土前应按实际安装位置量好尺寸，下料加工。管子敷设后应加以支撑和固定，以防止在浇筑混凝土时受震而移位。保护管敷设或弯制前应进行疏通和清扫，一般采用铁丝绑上棉纱或破布穿入管内清除脏污，检查通畅情况，在保证管内光滑畅通后，将管子两端暂时封堵。

（6）金属保护管宜采用带螺纹的管接头连接，连接处可绕以麻丝并涂以铅油。另外也可采用短套管连接，两管连接时，管口应对准，短管两端应焊接。所使用的管接头或短套管的长度不应小于保护管外径的2.2倍，以保证保护管连接后的强度。连接后应密封良好。金属电缆保护管不得采用直接对焊连接，以免管内壁可能出现疤瘤而损伤电缆。

（7）硬质塑料保护管的连接可采用套接或插接，其插入深度宜为管子内径的1.1～1.8倍。在插接面上应涂以胶合剂粘牢密封，采用套接时，套管两端应封焊。

（8）明敷电缆保护管的要求。

① 明敷电缆保护管与土建结构平行时，通常采用支架固定在建筑结构上，保护管装设在支架上。支架应均与布置，支架间距不宜大于表中的数值，以免保护管出现垂度。

② 如明敷的保护管为塑料管，其直线长度超过30 m时，宜每隔30 m加装一个伸缩节，以消除由于温度变化引起管子伸缩带来的应力影响。

③ 保护管与墙之间的净空距离不得小于 10 mm，与热表面距离不得小于 200 mm；交叉保护管净空距离不宜小于 10 mm；平行保护管间净空距离不宜小于 20 mm。

④ 明敷金属保护管的固定不得采用焊接方法。

（9）利用金属保护管作接地线时，应在有螺纹的管接头处用跳线焊接，并先在保护管上焊好接地线再敷设电缆，以保证接地线可靠和不烧坏电缆。

（10）引至设备的电缆管口位置，应便于电缆与设备进线连接，并且不妨碍设备拆装。并列敷设的管口应排列整齐。

2. 适用范围

在市区街道敷设多条电缆，在不宜建造电缆沟和电缆隧道的情况下，可采用排管。排管敷设具有以下优点：

（1）减少了对电缆的外力破坏和机械损伤。

（2）消除了土壤中有害物质对电缆的化学腐蚀。

（3）检修或更换电缆迅速方便。

（4）随时可以敷设新的电缆而不必挖开路面。

电缆保护如图 5-12，图 5-13 所示。

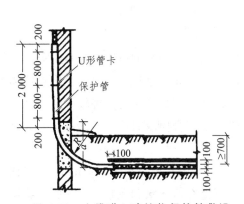

图 5-12　电缆进入建筑物保护管敷设

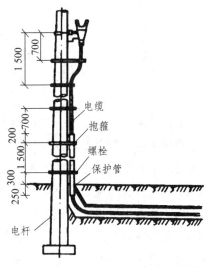

图 5-13　电缆引至电杆上保护管敷设

3. 技术要求

（1）敷设在排管内的电缆应使用加厚的铅包或塑料护套电缆。排管应使用对电缆金属包皮没有化学作用的材料做成，排管内表面应光滑，管的内径不小于电缆外径的 1.5 倍，且不小于 100 mm。

（2）为便于检查和敷设电缆，每隔一段距离应设置电缆入井，电缆入井的间距可按电缆的制造长度和地理位置面定，一般不宜大于 200 m。入井的尺寸大小需要考虑电缆中间接头的安装、维护和检修是否方便。排管通向入井应不小于 1/1 000 的倾斜度，以便管内的水流向入井内。

（三）排管的结构与敷设

（1）排管的结构是预先准备好的管子按需要的孔数排成一定的形式，用水泥浇成一个整体。管子可用铸铁管、陶土管、混凝土管、石棉水泥管，有些单位也采用硬质聚氯乙烯管制作短距离的排管。

（2）每节排管的长度约为 2～4 m，按照目前和将来的发展需要，根据地下建筑物的情况，决定敷设排管的孔数和管子排列的形式。管子的排列有方形和长方形，方形结构比较经济，但中间孔散热较差，因此这几个孔大多留作敷设控制电缆之用，如图 5-14 所示。

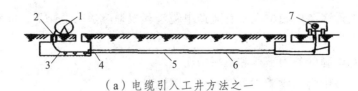

（a）电缆引入工井方法之一

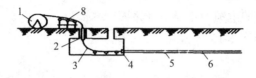

（b）电缆引入工井方法之二

图 5-14　排管敷设牵引方法

1—电缆盘；2—波纹聚乙烯（PE）管；3—电缆；4—喇叭口；
5—管道；6—钢丝绳；7—卷扬机；8—放线架

（3）排管施工较为复杂，敷设和更换电缆不方便，且散热差影响电缆载流量。但因排管保护电缆效果好，使电缆不易受到外部机械损伤，不占用空间，且运行可靠。当电缆线路回数较多时，平行敷设于道路的下面，或穿越公路、铁路和建筑物，实为一种较好的选择。

（4）敷设排管时地基应坚实、平整，不得有沦陷。不符合要求时，应对地基进行处理并夯实，以免地基下沉损坏电缆。

（5）电缆排管孔眼内径应不小于电缆外径的 1.5 倍，且最小不宜小于 100 mm。管子内部必须光滑，管子连接时，管孔应对准，接缝应严密，不得有地下水和泥浆渗入。管子接头相互之间必须错开。

（6）电缆管的埋设深度，自管子顶部至地面的距离，一般地区应不小于 0.7 m，在人行道下不应小于 0.5 m，在厂房内不宜小于 0.2 m。

（7）为了便于检查和敷设电缆起见，埋设的电缆管在其直线段每隔 30 m 距离的地方以及在转弯和分支的地方必须设置电缆入孔井。入孔井的深度不应小于 1.8 m，入孔直径不小于 0.7 m。电缆管应有倾向于入孔径 0.1%的排水坡度，电缆接头可放在井坑里。

（四）管道内电缆敷设的方法和要求

（1）交流单芯电缆不得穿钢管敷设，以免因电磁感应在钢管内产生损耗。

（2）敷设电缆前，应检查电缆管安装时的封堵是否良好，如发现有问题应进行疏通清扫，以保证管内无积水、无杂物堵塞。

（3）敷设在管道内的电缆，一般为塑料护套电缆。为了减少电缆和管壁间的摩擦阻力，便于牵引，电缆入管之前可在护套表面涂以润滑物（滑石粉）。敷设电缆时应特别注意，避免机械损伤外护层。

（4）在管道内敷设的方法一般采用人工敷设。短段电缆可直接将电缆穿入管内，稍长一些的管道或有直角弯时，可采用先穿入导引铁丝的方法牵引电缆。

（5）管路较长（在设有入孔井的管道内敷设直径较大的电缆）时，需用牵引机械牵引电缆。施工方法是将电缆盘放在入孔井口，然后借预先穿过管子的钢丝绳将电缆拖拉过管道到另一个入孔井。电缆牵引的一端可以用特质的钢丝网套套上，当用力牵引时，网套拉长并卡在电缆端部。牵引的力量平均约为被牵引电缆重量的 50%～70%。管道口应套以光滑的喇叭管，井坑口应装有适当的滑轮。

（五）电力电缆穿管敷设的规定

管内敷设基本同管内穿线，除符合管内穿线的固定外，还应符合下列规定：

（1）每根电力电缆应单独穿入一根管内，交流单芯电缆不能单独穿入钢管中。

（2）裸铠装控制电缆不得与其他外护层的电缆穿入同一根管内。

（3）敷设在混凝土管、陶瓷管、石棉水泥管管内的电缆，宜穿塑料护套电缆。

（4）管内敷设每隔 50 m 应设入孔检查井，井盖应为铁质且高于地面，井内有积水可排水。

（5）长度在 30 m 以下时，直线段管内径应不小于电缆外径的 3 倍。

（6）管内应无积水，无杂物堵塞，穿电缆可采用滑石粉作为助滑剂。

二、施工前的准备

（一）原材料、半成品的要求

（1）型号规格及电压等级符合设计要求，并有合格证。矿用橡套软电缆、交流额定电压 3 kV 及以下电缆、额定电压 450/750 V 及以下橡皮绝缘电缆、额定电压 450/750 V 及以下聚氯乙烯绝缘电缆需 "CCC" 认证标志。

（2）每轴电缆上应标明电缆规格、型号、电压等级、长度及出厂日期，电缆轴应完好无损。

（3）电缆外观完好无损，铠装无锈蚀，无机械损伤，无明显皱褶和扭曲现象。橡套、塑料电缆外皮及绝缘层无老化及裂纹。

（4）电缆的其他附属材料：电缆盖板、电缆标示桩、电缆标示牌、油漆、酒精、汽油、硬酸脂、自布带、电缆头附件等均应符合要求。

（5）电缆出厂检验报告符合标准。

（二）所需工机具

表 5-14　工机具清单

序号	机具名称	单位	数量	用　处
1	电缆牵引端	个	1	牵引电缆时连接卷扬机和电缆首端的金具，用于牵引重量较小的电缆
2	牵引网套	个	1	牵引电缆时连接卷扬机和电缆首端的金具，用于牵引重量较小的电缆
3	防捻器	个	1	牵引电缆消除钢丝绳逐步形成电缆的扭应力
4	电缆滚轮	个	若干	敷设电缆时的电缆支架，用于减小摩擦和保护电缆，滚轮间距 1.5～3 m
5	电动滚轮	个	现场定	敷设电缆时利用其摩擦力推动电缆的外护层，减小牵引力和侧压力
6	电缆盘千斤顶支架	个	2	敷设电缆时支撑电缆盘，以便电缆盘转动
7	电缆盘制动装置	个	1	用于制动电缆盘
8	管口保护喇叭	个	现场定	钢管内敷设电缆时，在管口处保护电缆
9	卷扬机	台	1	敷设电缆时用于牵引电缆
10	吊链	个	2	敷设电缆时用于提升电缆
11	滑轮、钢丝绳、大麻绳	个	现场定	敷设电缆时用于牵引电缆
12	绝缘摇表	个	1	遥测电缆绝缘
13	皮尺	个	5	测量电缆长度
14	钢锯	个	3	手工锯割电缆
15	手锤	个	3	现场用
16	扳手	个	5	现场用
17	电气焊工具	套	1	制作支架等切割金属等
18	电工工具	套	1	现场用
19	无线电对讲机	对	4	敷设电缆时的通信工具
20	手持扩音喇叭	个	2	组织敷设电缆用

（三）作业条件

（1）电缆线路的安装工程应按施工图进行施工。

（2）与电缆线路安装有关的建筑物、构筑物的土建工程质量，应符合国家现行的建筑工程施工及验收规范中的有关规定。

（3）电缆导管已敷设完毕，并验收合格。

三、施工工艺

（一）检查管道

（1）检查管道：金属导管严禁熔焊连接；防爆导管不应采用倒扣连接，应采用防爆活结头，其结合面应紧密、管口平整光滑，无毛刺。

（2）检查管道内是否有杂物，可在敷设电缆前，将杂物清理干净。

（二）试牵引

经过检查后的管道，可用一段（长约 5 m）的同样电缆作模拟牵引，然后观察电缆表面，检查磨损是否属于许可范围。

（三）敷设电缆

（1）将电缆盘放在电缆入孔井的外边，先用安装有电缆牵引头并涂有电缆润滑油的钢丝绳与电缆一端连接，钢丝绳的另一端穿过电缆管道，拖拉电缆力量要均匀，检查电缆牵引过程中无卡阻现象，如张力过大，应查明原因，问题解决后，继续牵引电缆。

（2）电力电缆应单独穿入一根管孔内。同一管孔内可穿入 3 根控制电缆。

（3）三相或单相单芯电缆不得单独穿于钢导管内。

（四）电缆入孔井

电缆在管道内敷设时，为了抽拉电缆或做电缆连接，电缆管分支、拐弯处均需按设计要求或规范要求设置电缆入孔井，电缆入孔径的距离应按设计要求设置，一般在直线部分每隔50～100 m 设置一个。

（五）防火措施

敷设电缆管，在穿越防火分区处按设计要求的位置，有防火阻隔措施。

（六）电缆挂标示牌

（1）标示牌规格应一致，并有防腐性能，挂装应牢固。

（2）标志牌上应注明电缆编号、规格、型号、电压等级及起始位置。

（3）沿电缆管道敷设的电缆在其两端、入孔井内应挂标示牌。

四、质量标准

（一）主控项目

（1）电缆敷设严禁有拧绞、铠装压扁、护层断裂和表面严重划伤等缺陷。检查方法：观察检查。

（2）三相或单相的交流单芯电缆，不得单独穿于钢导管内。

（3）爆炸危险环境的电缆额定电压不得低于 750 V，且必须穿于钢导管内。

（二）一般项目

（1）电缆最小弯曲半径应符合表 5-15 规定。

表 5-15 电缆最小允许弯曲半径

序号	电缆种类	最小允许弯曲半径
1	无铅包钢铠护套橡皮绝缘电力电缆	10D
2	有钢铠护套的橡皮绝缘电力电缆	20D
3	聚氯乙烯绝缘电缆	10D
4	交联聚氯乙烯绝缘电缆	15D
5	多芯控制电缆	10D

注：表中 D 为电缆外径。

（2）电缆敷设在穿越不同防火区的电缆管道处，按设计要求位置，有防火隔断措施。可观察检查。

（3）电缆穿管前，应清除管内杂物和积水。管口应有保护措施，不进入接线盒的垂直管口穿入电缆后，管口应密封。

（4）特殊工序或关键控制点的控制，如表 5-16 所示。

表 5-16 特殊工序或关键控制点的控制

序号	特殊工序/关键控制点	主要控制方法
1	电缆型号、规格	与图纸设计相符
2	电缆管密封检查	现场观察检查
3	电缆敷设	检查最小允许弯曲半径，严禁绞拧、护层断裂等缺陷
4	电缆绝缘试验	摇表摇测

思考与练习

一、填空题

1. 除了架空明敷电缆或用桥架敷设的电缆外，还将一部分电缆敷设于（　　　　　）和排管内，有的地区为了室外地下电缆线路免受（　　　　　）、化学作用及腐殖物质的危害，也采用穿管敷设。

2. 交流单芯电缆不得穿钢管敷设，以免因（　　　　　）在钢管内产生损耗；敷设电缆前，应检查电缆管安装时的封堵是否良好，如发现有问题应进行（　　　　　），以保证管内无积水、无杂物堵塞。

3. 敷设管道内的电缆，一般为（　　　　　）电缆。为了减少电缆和管壁间的摩擦阻力，便于牵引，电缆入管之前可在护套表面涂以（　　　　　）。敷设电缆时应特别注意，避免机械损伤（　　　　　）。

4. 在管道内敷设的方法一般采用（　　　　　）。短段电缆可直接将电缆穿入管内，稍长一些的管道或有直角弯时，可采用先穿入（　　　　　）的方法牵引电缆。

5. 管路较长（设有入孔井的管道内敷设直径较大的电缆）时，需用（　　　　　）牵引电缆。施工方法是将电缆盘放在入孔井口，然后借预先穿过管子的（　　　　　）将电缆拖拉过管道到另一个入孔井。电缆牵引的一端可用特制的钢丝网套套上，当用力牵引时，网套拉长并卡在电缆（　　　　　）。牵引的力量平均约为牵引电缆重量的 50% ~ 70%。管道口应套以光滑的喇叭管，井坑口应装有适当的（　　　　　）。

二、简答题

1. 电缆保护管的使用范围包括哪些场合？
2. 明敷电缆保护管的要求是什么？
3. 排管的结构是如何形成的，每节长度和孔距是如何定义的？
4. 电缆保护管的作用是什么？如何进行选择？优缺点是什么？
5. 明敷电缆保护管的要求有哪些？

课题四　电力电缆隧道敷设

【学习目标】

（1）了解电缆隧道敷设的概念和基本要求。
（2）电缆隧道敷设的范围特点。
（3）养成安全、规范操作习惯和良好的沟通习惯及解决问题的能力。

【知识点】

（1）电缆隧道敷设的应用范围与技术要求。
（2）电缆隧道敷设的程序。

【技能点】

（1）能掌握电缆隧道敷设的方式方法。
（2）能编制出最佳的（省工、省料、误差小）施工程序。

【学习内容】

一、基础知识

（一）电缆隧道敷设的基本要求

（1）当电缆与地下管网交叉不多，地下水位较低，且无高温介质和熔化金属液体流入可能的地区，同一路径的电缆根数为 18 根及以下时，宜采用电缆沟敷设。多于 18 根时，宜采用电缆隧道敷设。

（2）电力电缆沟或电缆隧道内敷设时，其水平净距为 35 mm，但不应小于电缆外径。

（3）电缆支架的长度，在电缆沟内不宜大于 0.35 m，在隧道内不宜大于 0.50 m，在盐雾地区或化学气体腐蚀地区，电缆支架应涂防腐漆或采用铸铁支架。

（4）电缆沟和电缆隧道应采取防水措施，其底部应做坡度不小于 0.5% 的排水沟。积水可起直接接入排水管道或经集水坑用泵排出。

（5）在支架上敷设电缆时，电力电缆应放在控制电缆的上层。但 1 kV 以下的电力电缆可并列敷设。

（6）当两侧均有支架时，1 kV 以下的电力电缆和控制电缆宜与 1 kV 以上的电力电缆分别敷设于不同侧支架上。

（7）电缆沟在进入建筑物处应设防火墙。电缆隧道进入建筑物处以及在变电所围墙处，应设带门的防火墙。此门应采用非燃烧材料或难燃烧材料制作，并应装锁。

（8）隧道内采用电缆桥、托盘敷设时，应符合隧道内电缆安装规范的有关规定。并应每隔 50 m 安装一个防火密闭隔门，桥架、托盘通过防火的密闭隔门或可燃性的隔板墙时，通过段的电缆应作防火处理。

（9）电缆沟宜采用钢筋混凝土盖板，每块盖板的重量不宜超过 50 kg。

（10）电缆隧道的净高不应低于 1.90 m，有困难时局部地段可适当降低；隧道内应采取通风措施，一般为自然通风。

（11）电缆隧道长度大于 7 m 时，两端应设出口（包括入孔），两个出口间的距离超过 75 m 时，应增加出口。入孔井的直径不应小于 0.70 m。

（12）电缆隧道内应有照明，其电压不应超过 36V，否则应采取安全措施。

（13）其他管线不得横穿电缆隧道。电缆隧道和其他地下管线交叉时，应尽可能避误免隧道局部下降。

（14）电缆在电缆沟和电缆隧道内敷设时，其支架层间垂直距离和通道宽度不应小于表 5-17 所列数值。

表 5-17　垂直距离和通道宽度与电缆沟深的关系

电缆支架配置及其通道特性	电缆沟深（mm）			电缆隧道（mm）
	≤600	600~1 000	≥1 000	
两侧支架间净通道	300	500	700	1 000
单列支架与壁间通道	300	450	600	900

（二）应用范围与特点

（1）电缆隧道：容纳电缆数量较多，有供安装和巡视的通道，全密闭型的电缆构筑物。

（2）设备维护检修方便，可实施多种形式的状态监测，容易发现运行中出现的异常情况，但一次性投资很大，存在渗漏水现象，比空气重的爆炸性混合物进入隧道会威胁安全。

（3）适用于地下水位低、电缆线路较集中的电力主干线，一般敷设 30 根以上的电力电缆。

（4）电缆隧道不仅能容纳较多电缆且还应有高 1.9～2.0 m 的人行通道，有照明、通风和自动排水装置，并可随时进行电缆安装和维修作业。

（5）电缆隧道适用的场合有以下几个方面：

① 大型电厂或变电所，进出线电缆在 20 根以上的区段。

② 电缆并列敷设在 20 根以上的城市道路。

③ 有多回路高压电缆从同一地段跨越内河时。

电缆隧道敷设如图 5-15 所示。

（a）钢骨尼龙挂钩悬挂　　　　　　　（b）侧壁悬挂式

图 5-15　电缆隧道敷设图

（三）技术要求

（1）电缆隧道一般为钢筋混凝土结构，可采用砖砌或钢管结构，视土质条件和地下水位高低而定。一般隧道高度为 1.9～2 m，宽度为 1.8～2.2 m。

（2）深度较浅的电缆隧道应至少有两个以上的入孔，一般每隔 100～200 m 应设一入孔，在敷设电缆的地点设置两个入孔，一个用于电缆进入，另一个用于人员进出。进人孔处装设进出风口，在出风口处装设强排风装置。

（3）深度较深的电缆隧道，两端进出口一般与竖井相连接，通常使用强排风管道装置进行通风；通风要求在夏季不超过室外空气温度 10 ℃ 为原则。

（4）电缆隧道内设置适当数量的积水坑，一般每隔 50 m 左右设积水坑一个，使水及时排除。

（5）隧道内应有良好的电气照明设施。并应装设贯通全长的连续的接地线，所有电缆金属支架应与接地线连通。电缆的金属护套、铠装除有绝缘要求（单芯电缆）以外，应全部相互连接并接地。

（四）敷设方式

电缆在公路或铁路隧道中敷设方式有两种：一种是将电缆敷设在混凝土槽中；另一种是在隧道侧壁上悬挂敷设。

（1）混凝土槽中敷设。

电缆在混凝土槽中敷设时，混凝土槽设在隧道下部紧靠隧道壁处。对于新建隧道敷设电缆用的混凝土槽由建筑部门按设计图纸设在隧道边侧。电缆在槽内敷设时应铺垫细砂或其他防震材料，槽上应加盖板并密封。电缆出入混凝土槽时，应穿钢管保护，管口应封堵。

（2）侧壁悬挂敷设。

电缆在隧道侧壁上悬挂敷设是一种简单、经济的敷设方式。根据悬挂的方式不同，又可分为钢索悬挂和钢骨尼龙挂钩悬挂两种方式。

① 钢索悬挂。钢索悬挂是在隧道侧壁上安装支持钢索的托架，电缆用挂钩挂在钢索上，托架间的距离一般为 15 ~ 20 m，挂钩间的距离通常为 0.8 ~ 1.0 m。

这种方式，由于采用大量的金属钢件，在隧道内极易腐蚀损坏，造成电缆的脱落或损伤。因此，该方式应尽量不采用或较少采用。

② 钢骨尼龙挂钩悬挂。钢骨尼龙挂钩悬挂是在隧道侧壁上安装支持电缆用的钢骨尼龙挂钩，将电缆直接挂在挂钩上。挂钩间的距离为 1 m，其安装的高度应不低于 4 m（铁路隧道的高度从轨面算起），在电缆的预留段或伸缩段处，波状敷设的最低点不得低于 3.3 m。这种敷设方式具有结构简单、施工方便、节省钢材、成本低、使用寿命长等优点。因此，在隧道电缆辐射中应用广泛。

（3）为了施工与维护的方便和安全，电缆中间接头一般设置在避车洞的上方，电缆的接头处应留有足够的落地作业长度，一般为 10 ~ 20 m。另外，考虑到电缆受温度变化的影响，每隔 250 ~ 300 m，要预留伸缩段一处，一般为 3 ~ 5 m。电缆预留段和伸缩段处采用波状敷设方式，在做波状敷设时，波形的曲率半径在任何处均不得超过规定标准。

电缆从隧道内引出时，可采用直埋敷设方式、钢索悬挂或架空敷设方式。由于架空敷设方式结构简单，费用低，一般采用此方式。

（4）通过隧道的电缆，其两端终端头的固定方式有在隧道口墙壁上和隧道口附近的电杆上两种。当终端头固定在隧道口墙壁上时，电缆头固定架下沿地面应不小于 5 m；电缆头各相带电部位之间及其与墙壁的距离，对与 10 kV 及以下电缆应不小于 200 mm，电缆用卡箍固定在墙壁上。当电缆终端头固定在隧道口附近的电杆上时，电缆由隧道口架空或由地面下引下上电杆，这两种方式均应从地面下 0.2 m 至地面上 2 m 加装保护管。

当电缆连续通过两个距离较近的隧道时，或因地质、地形、障碍物阻挡，在两隧道之间不宜架设架空明线或敷设直埋电缆，可采用架空电缆线路，其敷设多采用钢索悬挂方式。

（五）敷设方法

（1）在隧道中敷设电缆方法有两种：当隧道长度不超过 400 m 时，可将电缆盘放在隧道口，用人工牵引向隧道里敷设电缆，其方法与直埋电缆的敷设方法大致相同。当隧道长度在 400 m 以上时，公路隧道内的电缆敷设方法同上，铁路隧道可将电缆盘支放在轨道车牵引的平板车上，轨道车以不大于每秒 1 m 的速度缓慢行驶，施工人员一部分站在平板车的电缆盘旁，另一部分在车下随车行走，准备随时处理出现的问题。将电缆敷放开并置于轨道外以后，再将电缆移至电缆槽内或悬挂在隧道壁上。

（2）敷设电缆之前，应首先进行预埋混凝土槽或钢骨尼龙挂钩的工作。通常可以利用轨道车将各种用料运进隧道，分散放置于安全、便利的处所，以节省搬运工时。在混凝土槽中敷设电缆应先按图纸砌筑电缆槽，对于新建隧道应预先掀开电缆槽盖板，清扫槽道，然后按有关规定放入衬垫或细砂。安装尼龙骨架时，可利用风枪在隧道侧壁上打出深 110 mm，长宽各 40 mm 的墙洞，然后用水泥砂浆将挂钩埋设牢固，并在达到要求强度以后，再挂设电缆。

（3）在隧道侧壁上悬挂电缆时，需要特别注意：不得侵入"建筑接近界限"。为了确保行车安全，每天施工开始、中途和结束时，都必须认真检查是否有侵入"建筑接近界限"的现象，并及时予以消除，以免发生事故。另外，施工中还应在隧道两端设专人防护，以确保施工的安全。

（4）隧道内敷设的电缆，宜选用塑料电缆，其接头部位要特别注意防潮。

二、施工前的准备

（一）人员分工

表 5-18　人员分工

序号	项目	人数	备注
1	安全防护	1	
2	电力电缆隧道敷设	2	

（二）所需工机具

表 5-19　工机具清单

序号	名称	规格	单位	数量	备注
1	绞磨		台	1	
2	履带式牵引机		台	4	
3	转角滑车		个	30	
4	直线滑车		个	30	
5	千斤顶		个	4	
6	电缆盘支架		套	1	
7	小撬棍		根	6	
8	大撬棍		根	4	
9	防捻器		副	1	
10	牵引网套		个	1	
11	钢绳	10 m	米	1	
12	6 m 钢绳套	6 mm	根	2	
13	3 m 钢绳套	6 mm	根	1	

序号	名称	规格	单位	数量	备注
14	10 m 钢绳套	6 mm	根	1	
15	工具 U 形环	7 t/10 t	副	5	
16	铁桩		根	3	
17	钢锯弓		把	3	
18	矿灯		台	5	
19	木方		根		视实际情况定
20	无线对讲机		台		视实际情况定
21	大锤	18 磅	把	1	
22	活动扳手	6 mm, 10 mm, 12 mm	把	9	
23	电笔	380/220 V	把	1	
24	警示牌		块		视实际情况定
25	围栏		条		视实际情况定
26	绳索		条		视实际情况定

（三）所需材料

表 5-20　材料清单

序号	名称	规格	单位	数量	备注
1	镀锌铁丝	8#	kg	5	
2	三相刀闸	20 A	把	5	
3	两相刀闸	5 A	把	5	
4	绝缘防水胶带		卷	5	
5	相色带		卷	3	
6	电缆牌		块		视实际情况定
7	黑胶布		卷	2	
8	灯泡	220 V/25 W	个	50	
9	电线	2.5 mm^2	米	100	
10	电缆钢型抱箍		副		视实际情况定
11	塑料绑扎带		袋	10	
12	胶皮垫		个		视实际情况定
13	电缆头塑料密封罩		个	4	
14	钢锯片	细齿	盒	1	
15	沙袋		袋		视实际情况定
16	四线橡皮电源线		米	100	

（四）材料检查

（1）敷设前应按设计和实际路径计算每根电缆的长度，合理安排每盘电缆，减少电缆接头。

（2）准备工机具和材料，并对电缆隧道进行检查，清除积水和杂物等。

（3）当电缆盘支放在电缆井口上时，为确保电缆盘至电缆沟这段长约 10 m 的电缆不致悬空，必须在中间设置一个特制下井滑轮架，以利于电缆滑行。

（4）电缆滑车的摆放，除弯曲部分采用滑轮组成适合弧度的滑轮组外，直线部分视情况设置直线滑轮数只，所有滑轮必须形成一条直线。

三、操作程序

（一）牵引方式

采用卷扬机钢丝绳牵引和电缆输送机牵引相结合的办法，电缆端部制作牵引端。将电缆盘和卷扬机分别安放在隧道入口处，在入口处搭建适当的滚轮支架，应在电缆盘与隧道入口之间和隧道转弯处设置电缆输送机。隧道中每 2 ~ 3 m 安放滚轮一只。

（二）通信联络

（1）电缆隧道敷设，必须有可靠地通信联络。卷扬机的启动和停车，一定要执行现场指挥人员的统一指令。当竖井或隧道中遇到意外障碍时，要能紧急停车。常用通信联络手段是架设临时有线电话。若使用无线对讲机通话，因受在隧道中有效范围限制，需设必要的中间对讲机传话。

（2）在隧道中，还可设定灯光信号作为辅助通信联络设施，例如设定灯光闪烁，表示需紧急停车信号。

（三）电缆的固定

（1）在电缆隧道中，多芯电缆安装在金属支架上，一般可不做机械固定，单芯电缆则必须固定。因当发生短路故障时，由于电动力作用，单芯电缆之间所产生的相互排斥力，可能导致很长一段电缆从支架上移位，以致引起电缆损伤。

（2）从电缆热机械特性考虑，电缆在隧道支架上和竖井中，应采用蛇形方式，并使用可移动的夹具将电缆固定。

（四）防火措施

敷设在隧道中的电缆应满足防火要求，例如具有不延燃的外护套或裸钢带铠装。

思考与练习

一、填空题

1. 将电缆线路敷设于已建成的电缆隧道中的（　　　　　）中的安装方式称为电缆隧道敷

设。隧道电缆敷设，应采用（　　　　　）和电缆输送机牵引相结合的办法，电缆端部制作牵引端。将电缆盘和卷扬机分别安放在隧道入口处，在入口处搭建适当的滚轮支架，一般在电缆盘与隧道入口之间和隧道转弯处设置（　　　　　）。隧道中每 2～3 mm 安放滚轮一只。

2. 在隧道中敷设高压充油电缆，要注意地面和隧道底部（　　　　　）。通常，地面压力箱的油压力应控制在（　　　　　），隧道底部压力箱压力应控制在（　　　　　）。在敷设施工时，应派人监视油压变化。

3. 在电缆隧道中，多芯电缆安装在（　　　　　），一般可以不做机械固定，但单芯电缆则必须固定。因为发生短路故障时，由于电动力作用，单芯电缆之间所产生的相互排斥力，可导致一段电缆从支架上移位，以致引起电缆损伤。

4. 电缆支架的长度，在电缆沟内不宜大于（　　　　　）；在隧道内不宜大于（　　　　　）。

5. 电缆隧道长度大于（　　　　　）时，两端应设出口，两个出口间的距离超过（　　　　　）时，尚应增加出口。入孔井的直径不应小于（　　　　　）。

二、简答题

1. 电缆隧道敷设的操作程序是什么？

2. 电缆隧道敷设的具体方法是什么？

3. 电缆隧道敷设的常用方式有哪些？

4. 电缆隧道敷设的基本要求什么？

5. 电缆隧道敷设的适用范围与技术要求包括哪些？

第六章　电力线路其他施工

课题一　接地装置施工

【学习目标】

（1）会搜集接地装置施工方面的资料。

（2）会进行接地装置布置。

（3）会编制出最佳的施工工序。

（4）养成规范的操作习惯和良好的沟通及解决问题的能力。

【知识点】

（1）接地装置的作用。

（2）电力线路防雷措施。

【技能点】

（1）接地装置的接地电阻测量的操作技巧。

（2）ZC-8 型接地电阻测量仪使用。

【学习内容】

一、相关知识

线路装设接地装置的目的，是使作用于避雷线上的雷电流，尽快地沿着接地引下线并通过接地体引入大地，使雷电流电荷迅速在土壤中中和，避免导线、绝缘子等线路设施遭受过电压的损害。因此，接地装置施工是线路施工中不可缺少的工程项目。

（一）线路防雷的任务

1. 雷击的形成及危害

地面的水蒸发为蒸汽，向上升起，遇到冷空气，凝成水滴。这些水滴受空气中强烈气流吹袭便形成带有大量电荷的雷云。水滴越积越多，雷云越积越重，电荷越积越密集，雷云越压越低。这些带电荷的雷云使大地感应出异性的电荷,两者相当于组成了一个巨大的电容器。电荷在雷云中并不是平均分布的,密集电荷中心附近的空气先被电离,成为先导放电的通道,电荷沿这个通道向地面发展,当最后这段距离的空气也被电离时,先导电通道成了主放电通道,地面电荷沿通道进入云端,并和雷云电荷中和,伴随雷鸣和闪光。因为电荷量大而放电时间短,故电流可达数百千安,这是雷电流中的主要部分。主放电后雷云中残余电荷沿通道进入地面称为余辉放电。第一个电荷中心主放电完成后,雷云中第二个或第三个电荷中心移向第一个电荷中心形成的主放电通道放电,称为重复雷击。重复雷击均比第一次主放电电流小,危害性也少。整个雷云放电过程称为直击雷击过电压,是由雷击时流经被击物的雷电流造成的。雷击的危害很大,能使房屋建筑倒塌,设备毁坏,人畜伤亡,树木烧焦。

线路的杆塔高出地面数十米,并暴露在旷野或高山,且延数十或数百公里,所以受雷击的机会很多。一旦遭到雷击,往往会使送电中断,严重的使设备损坏。

线路为了防止直接雷击导线,沿线架设了避雷线,并将之接地,引直接雷击的雷电流经避雷线入地。避雷线上落雷后,由于雷电流十分强大,在接地电阻上电压降数值很大,使避雷线的电位很高,导致导线、避雷线间绝缘被击穿,称为反击。有时雷云主放电会绕过避雷线直接击中导线,称为绕击。

2. 防雷的任务

线路防雷的主要任务有以下几项:

(1)防止直接雷击导线。

(2)防止发生反击。

(3)防止发生绕击。

(二)线路防雷的措施

1. 35~110 kV 线路防雷

输配电线路的防雷保护装置,通常有避雷针、避雷线、耦合避雷线、保护间隙、管型和阀型避雷器,这些装置均经接地装置接地。

对于 110 kV 线路,一般沿全线装设避雷线,在雷电活动特别强烈的地区,宜装双避雷线。山区单避雷线保护角一般为 25°左右。在少雷区或运行经验证明雷电活动轻微的地区,可不沿全线架设避雷线,但应装自动重合闸。

对于 35 kV 及以下的水泥杆或铁塔线路,一般不沿全线架设避雷线,但杆塔仍需逐基接地。

在中性点非直接接地系统中,对 35 kV 及以上电压无避雷线的线路,应采取措施减少雷击引起的多相短路或两相异点接地引起的短路事故,即对水泥杆和铁塔及木杆线路中的铁横担均应接地,其接地电阻不受限制,但在多雷区不宜超过 30 Ω,同时在接地时应充分利用杆塔自然接地作用。只有在土壤电阻率不超过 100 Ω·m 或有运行经验的地区,才可不另设人工接地装置。

有些装设单避雷线的线路,其接地电阻又很难降低时,可在杆塔顶部再架一条避雷线,或不改变杆顶结构而在导线下面再增加一条架空避雷线,叫作耦合避雷线。它不能减少绕击率,但在雷击杆顶时能起分流作用和耦合作用,可使线路耐雷水平提高一倍。

可以看出,无论在有无避雷线的线路中,避雷线或杆塔均需良好接地。

2. 10 kV 及以下配电线路防雷

（1）配电网是直接为广大用户供电的设施，它具有设备数量多和地域分布广的特点，遭受雷击的机会较多。由于配电设施本身的绝缘水平较低，很易发生雷害和损坏设备，将给用户造成停电损失，而且还会威胁人身安全。为此，必须加强配电网的防雷保护，以提高供电的可靠性和减少经济损失。

架空配电线路大部分为水泥杆铁横担，绝缘水平不高，遭受直击雷或感应雷时都容易引起绝缘子的闪络，造成相间短路线路跳闸，有时还会发生断线。为此要求架空配电线路应采用比额定电压高一个等级的绝缘子或瓷横担，并广泛采用重合闸装置。对线路上的绝缘弱点和交叉跨越处还应采取适当的保护措施。对架空配电线路上各种电气设备，如配电变压器、柱上断路器、隔离开关和电缆终端等，亦应根据其重要性分别采用不同的保护措施，原则上应做到各台设备有保护，不留任何空白点，以防止雷击损坏设备。

对低压架空线路的防雷保护亦应给予足够的重视，加装必要的防雷保护设施，并要求将进入建筑物前的低压架空线路绝缘子铁脚进行可靠接地，防止"引雷入室"，避免发生人身伤亡和设备损坏。

（2）配电变压器是配电线路上十分重要的设备，直接担负着对广大用户供电的任务。为防止雷击损坏配电变压器，应在其高低压两侧都安装避雷器来保护，其典型接线如图 6-1 所示。保护配电变压器的避雷器要求尽量靠近变压器安装，距离越近，保护效果越好，一般都要求装在高压熔断器的内侧。避雷器的接地线应和配电变压器的金属外壳和低压中性点连在一起共同接地，俗称"三点共地"。当变压器的容量为 100 kV·A 及以上时，其接地电阻要求降低到 4 Ω以下；当变压器的容量小于 100 kV·A 时，其接地电阻能做到 10 Ω以下即可，这主要是从容量大小及重要性为出发点来考虑的。配电变压器三点连在一起接地的方式，当高压侧避雷器动作放电时，变压器绝缘上所承受的即是避雷器的残压，而雷电流通过接地装置时的电压降并没有作用在变压器的绝缘上，这对保护变压器的安全是十分有利的。

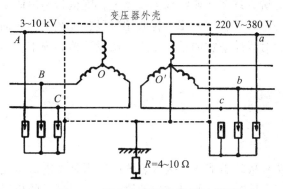

图 6-1　配电变压器的防雷接线图

（3）柱上断路器是配电线路上较为重要的设备，由于其绝缘水平较低，极间距离也很小，往往由于雷击引起闪络短路的事故，因此必须用避雷器保护。对于经常处于开路运行而两侧均带有电压时，必须在其两侧都加装避雷器保护。避雷器的接地引下线要求和柱上断路器的金属外壳连在一起共同接地，接地电阻应在 10 Ω以下。隔离开关的保护亦可参照。

电缆终端和架空线路相连，亦应采用避雷器保护，其接地引下线还应和电缆的金属外皮相连接，接地电阻亦要求做到 10 Ω 以下。

对低压供电的重要用户应在低压线路进入建筑物前安装一组低压避雷器，必要时在室内亦加装一组低压避雷器，接地电阻要求做到 10 Ω 以下。对一般的低压用户可采用较为简易的保护措施，即将低压线进屋前的电杆上绝缘子铁脚进行接地，其接地电阻要求做到 30 Ω 即可，对钢筋混凝土电杆埋在地中的自然接地作用亦应加以利用。

（三）接地电阻与线路防雷关系

雷电压和雷电流幅值很大，波前很陡，衰减得很快，在线路中以波的形式传播。

当雷直击于杆塔顶部或附近避雷线时，假如接地电阻为零，则杆塔顶部电位也为零，流入大地的雷电流为雷电波幅值的 2 倍。实际上，接地电阻不可能为零，但只要接地电阻小于 20 Ω，其杆塔顶部电位也要比雷电压直击于无避雷线杆塔上导线时的杆塔顶部电位降低 5 倍，若考虑避雷线的分流作用，这个倍数将更大。

雷击塔顶时，接地电阻越大，塔顶电位越高，其值大于一相绝缘子串 $U_{50\%}$ 时（$U_{50\%}$ 为绝缘子串承受冲击 50% 放电电压值），将由塔顶对该相导线闪络反击，由于避雷线与下导线间耦合作用最小，所以一般情况下导线最易反击闪络。

避雷线和降低杆塔接地电阻配合，对于 110 kV 的水泥杆或铁塔线路是一种最有效地防雷措施。即可使雷击过电压降低到线路绝缘子串容许程度，而所增加的费用，一般不超过线路总造价的 10%。但随着线路电压等级降低，线路绝缘水平也降低，这时即使花很大投资架设避雷线和改善接地电阻，也不能将雷击引起的电压降低到这些线路绝缘所能承受的水平。故对 35 kV 以下的水泥杆或铁塔线路，一般不沿全线架设避雷线，但仍然需要逐基将杆塔接地。因为这时若一相因雷击闪络接地，良好接地的杆塔实际上起到了避雷线的作用，这在一定程度上可以防止其他两相进一步闪络，而系统如果是经消弧线圈接地时，又可以有效地排除单相接地故障。

综上所述，无论在有避雷线或无避雷线的线路上，降低接地电阻是保障正常运行的重要防雷措施。但接地施工为隐蔽工程，处于工程收尾阶段，工艺又比较简单，往往不被重视。所以必须认识到接地装置对线路防雷的重要作用，按设计精心施工，不留隐患。

二、接地装置及施工

（一）接地装置

接地装置包括接地体和接地引下线。接地装置的作用是雷击避雷线时将巨大的雷电流引入大地，并通过接地体向大地扩散。所以接地装置不仅需要可靠的机械强度，还要有足够的截面积，以保证雷电流通过时的动稳定和热稳定。

接地引下线可以利用钢筋混凝土电杆的钢筋或铁塔主材，如图 6-2、图 6-3 所示，用单独的接地引下线，一端与接地体连接，另一端用螺栓与钢筋或铁塔主材连接。接地引下线上焊有连接板，测量接地体接地电阻时要将连接板上螺栓松开。预应力电杆不允许用杆体内钢筋代替接地引下线。

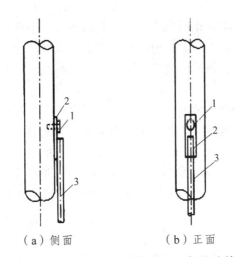

（a）侧面　　　　　　（b）正面

图 6-2　单独接地引下线与混凝土杆的连接

1—螺栓；2—连接板；3—接地引下线

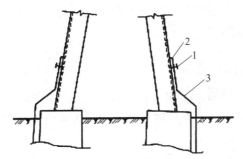

图 6-3　单独接地引下线与杆塔主材的连接

1—螺栓；2—接地板；3—接地引下线

（二）接地装置施工的要求

接地装置的施工方法是，按设计确定的接地体布置形式和埋深，开挖接地槽，接地槽挖完后，将沟内石块、树根等杂物清理干净，沟底整平，然后放入接地体，分层回填细土夯实，最后测量接地电阻，做好记录。

（1）埋设。接地体的埋设应符合设计要求，一般接地体埋深不宜小于 0.6 m，接地体铺设应平直，有倾斜地形宜沿等高线敷设，防止因接地沟被冲刷而造成接地体外露。在耕地中的接地体，应埋设在耕作深度以下。水平放射型接地体之间距离不宜小于 5 m。垂直接地体应垂直打入地中，并防止晃动，以保证与土壤接触良好。

（2）改道。挖接地槽时，应避开道路及地下管道、电缆等设施，遇障碍物时，可以绕开避让。应根据实际施工情况在施工记录上绘制接地装置敷设简图，并标明其相对位置和尺寸，但原设计图为环形者仍应呈环形。

（3）焊接和爆压。接地装置连接应可靠，除设计规定的断开点可用螺栓连接外，一般应用焊接或爆压连接。连接前应清除连接部位的铁锈等附着物。

（4）连接。接地引下线与杆塔的连接应接触良好，并应便于打开测量接地电阻。当引下线直接从架空避雷线引下时，引下线应紧靠杆身，并应每隔 1～3 m 与杆身固定一次。

（5）回填土。接地体敷设完毕回填土时，不得将石块、杂草等杂质填入。岩石地区应换好土回填。埋在地下的接地带由于氧浓电池作用而受到腐蚀，为了降低腐蚀速度，要求接地网沟内的回填土与沟底原土含氧浓度差别不要太大，以减小氧浓电池电位差，所以接地沟的回填土必须分层夯实。

（6）降阻措施。为了降低接地电阻，应尽量利用杆塔金属基础、钢筋水泥基础、底盘、卡盘、拉线盘等自然接地。当必须增加人工接地体时，尽量利用杆塔基础坑及施工时使用的坑来埋设，既减少土方，又可深埋。如杆塔附近有较低土壤电阻率的土层时，可以用接地带引到该处土壤再做集中接地，但引线长不宜超过 60 m。对土壤电阻率极高处，可在接地沟内换用电阻率低的土壤。如换土方法难实现，也可采用化学降阻剂处理。

三、接地电阻测量

接地装置施工完毕后要测量接地电阻是否符合规定。土壤电阻率一般由设计单位测定，填写于设计图纸上，但有时图纸数据与现场不符，特别是按图施工后，接地电阻达不到设计规定时，应进行土壤电阻率测定。

（一）ZC-8 型接地电阻测量仪

测量接地电阻一般都用接地电阻测量仪，ZC-8 型接地电阻测量仪是按补偿法的原理制成，内附手摇发电机作为电源，其原理图和外形如图 6-4 所示。它的外形和摇表相似，所以又称为接地电阻摇表。

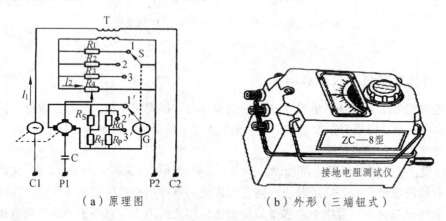

（a）原理图　　　　　（b）外形（三端钮式）

图 6-4　ZC-8 型接地电阻测量仪原理图和外形

这种测量仪有三端钮式和四端钮式两种。三端钮式测量仪 P2 和 C2 已在内部短接，只引出一个 E，如图 6-5 所示。测量接地电阻时，E 接在接地体上；C1 接电流辅助探针，插入距接地体较远地中；P1 接电位辅助探针，插入距接地体较近地中。手摇交流发电机发出 115 Hz 交流电，在 E 和 C1 间形成电流为 I 的闭合回路，E 和 P1 间的压降为 I_{R_x}，互感器二次侧电流为 KI，R_s 为可调电阻，调节 KI_{R_s} 和 I_{R_x} 相等时，检流器指针处于零位，则被测接地阻为

$$R_x = KR_s \tag{6-1}$$

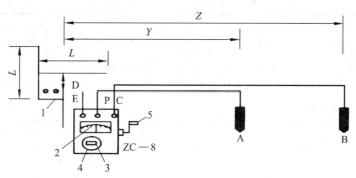

图 6-5　测量接地电阻的接线和布置

1—被测接地装置；2—检流计；3—倍率标度；4—测量标度盘；5—摇柄

由于采用磁电式检流计，故两侧压降经机械整流器或相敏整流器整流。S 是联动的两组三挡分流电阻 $R_1 \sim R_3$ 及 $R \sim R_8$ 的转换开关，用以实现对电流互感器二次侧电流及检流计支路的分流。选择转换开关三个挡位，可以得到 $0 \sim 1\ \Omega$、$0 \sim 10\ \Omega$ 和 $0 \sim 100\ \Omega$ 三个量程。

四端钮式的接地电阻测量仪，可以测量接地电阻，也可以测量土壤电阻率。

（二）接地电阻的测量

测量接地电阻可按测量仪表的说明书布线，具体的测量接线和布置如图 6-5 所示。测量时，打开接地引下线 E 和引下线 D 连接，距接地装置被测点 D 为 Y 处打一钢棒 A（电位探针），并与接线端钮 P 连接，再距 D 点为 Z 处打一钢棒 B（电流探针），并与接线端钮 C 连接。电位探针和电流探针布置距离为 $Y \geqslant 2.5l$，$Z \geqslant 4l$（l 为最长水平伸长接地体长度）。一般取 $Y = 20\ m$，$Z = 40\ m$。

测量步骤为以下几项：

（1）按图 6-5 布置，将直径为 10 mm 的钢棒 A、B 打入地下 0.5 m 左右。

（2）接好连线，检查检流计指针是否在零位，否则用零位调整器调整。

（3）将"倍率标度"放在最大处（如 ×100），慢慢摇动摇柄，同时旋转"量标度盘"，使检流计指针指示零位。

（4）当检流计指针接近平衡位置时，加速摇动摇柄达到额定值（120 r/min），调整"测量标度盘"，使检流计指针指在零位。

（5）当"测量标度盘"的读数小于 1 时，应将"倍率标度"置于较小的倍数，再重新调整"测量标度盘"，以得到正确的读数。

（6）用"测量标度盘"的读数乘以"倍率标度"的倍数，即得到所测的接地电阻的数值。测量接地电阻时，应避免在雨雪天气测量，一般可在雨后 3 天进行测量。

所测的接地电阻值尚应根据当时土壤干燥、潮湿等情况乘以季节系数，其值可按表 6-1 取用。

表6-1　防雷接地装置的季节系数

埋深（m）	水平接地体	2~3 m的垂直接地
0.5	1.4~1.8	1.2~1.4
0.8~1.0	1.25~1.45	1.0~1.1
2.5~3.0（深埋接地体）	1.0~1.1	1.0~1.1

注：测量接地电阻时，如土壤比较干燥时，则应采用表中较小值；如土壤比较潮湿，则应采用表中较大值。

四、施工前的准备

先根据任务、施工现场情况及参与施工人员的具体情况对人员进行分组、分工，准备施工工具和材料。

（一）人员分工

表6-2　人员分工

序号	项目	人数	备注
1	工作负责人	1	
2	防雷接地装置的施工与测量	20	可根据分组增加人数

（二）所需工机具

表6-3　工机具清单

序号	名称	规格	单位	数量	备注
1	水准仪	DSZ3	台	3	
2	水准尺	5 m	把	1	
3	钢尺	50 m	把	1	
4	铁锹	尖头	把	20	
5	十字镐	扁尖头	把	20	
6	洛阳铲	1＝4 m	把	2	
7	大锤	5 kg	把	2	
8	台钳		只	4	
9	手工钢锯		把	2	
10	电焊机		台	1	
11	接地电阻测试仪		台	1	
12	煨弯器		台	1	

（三）所需材料

表 6-4　材料清单

序号	名称	规格	单位	数量	备注
1	垂直接地极		根	54	
2	纯铜绞线		米	1 500	
3	扁钢		米	650	
4	圆钢		米	300	

五、接地装置施工

（一）工序流程

接地装置安装工序流程如图 6-6 所示。

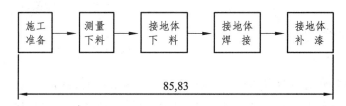

图 6-6　接地装置安装工序流程图

（二）施工准备

（1）利用手扳葫芦（或其他工具）将圆钢逐根调直，并进行除锈刷漆。

（2）根据施工技术标准的要求，确定接地线的安装位置，开挖设备基础或支架接地线入地点至接地网的土沟。

（3）制作扁铁接地线与设备接地螺栓连接用的接地端子，螺栓连接面应进行镀锡处理。

（三）测量、下料、煨弯

（1）根据施工技术标准的要求，测量接地线的敷设长度并下料。

（2）构架和支架接地线长度的范围：电杆钢箍至接地网。

（3）室内外地面上安装的设备，接地线长度的范围：设备接地螺栓或预埋铁配件至接地母线或接地网。

（4）圆钢和扁钢接地线煨弯，可分别采取煨弯器和硬母线煨变机来煨制，所有接地线的弯曲半径应符合技术规定。

（四）接地线敷设

（1）用 50×5 扁钢作牵引变压器及门型构架基础钢筋接地，设备基础钢筋中选两根主筋将所有钢筋及预埋件焊接成一个整体后引接出来与水平接地体连接。

（2）用两根截面为 120 mm² 纯铜绞线将集中接地箱接地铜排分别与两根不同水平接地体连接；另用 5 根 VLV-300 型电缆与其中接地箱接地铜排连接后分别引至所外接触网回流线终端杆与接触网回流线相连接。

（3）避雷针应从支架底部地脚螺栓处引 2 根 50×5 扁钢分别与主地网连接。避雷针接地线与主地网的地下连接点距设备接地线与主接地网的地下连接点沿接地体的距离不得小于 15 m。

（4）H 型进线构架，其接地线应在距地面 0.5 m 处设断线卡子（如并购线夹）。

（5）所有户外隔离开关支架接地线上距地面约 0.5 m 处焊接一个 M12×40 的螺栓（配蝴蝶螺母）供检修挂接地线用。

（6）钢筋混凝土构架应接地，采用 ϕ12 圆钢敷设明接地引下线，牵引变电大门用面积为 25 mm² 铜绞线与主接地网焊接。

（7）27.5 kV 高压室室外侧的墙上设备，采用 50×5 扁钢作设备接地干线，用 25×5 扁钢作为设备接地线。设备接地干线引出两点与主地网连接。镀锌扁钢通过膨胀螺栓与外墙固定。

六、接地线焊接

（1）扁钢及圆钢均要预先热镀锌，镀锌层总厚度不小于 1.4 mm。

（2）先焊接接地线与接地网或接地母线的连接侧，铜接地体之间及其与扁钢、圆钢的焊接采用放热焊接方式。

（3）扁钢之间的焊接应至少采用三面焊，圆钢之间，圆钢与扁铁的焊接应采用双面焊。焊接应饱满牢固，不应有夹渣虚焊、气孔、咬肉及未焊透等缺陷。

七、接地线补漆

（1）安装工作结束后，应对明敷接地线的弯曲部分和电焊连接部位进行补漆处理。

（2）当焊接完后还应在焊缝处刷一层防锈漆，后刷两遍覆锌漆。

（3）所有外漏接地线均应涂红丹及黑漆，其地下靠近地表层处均涂沥青。

八、施工质量要求

（1）主接地网的埋深深度要达到设计要求的 0.8 m。

（2）地网掩埋回填泥土时，应先通知监理验收合格后，方可回填。回填时选用阻值较小的沙土或泥土，不要夹杂砖头、石块、石子和有强腐蚀性的泥土，回填后应夯实。

（3）主地网敷设时，四角转角的弯曲半径不小于 5 m。

（4）接地线间的连接用搭接焊（双面焊），其搭接长度为圆钢直径的 6 倍（约 108 mm）；若为单面焊搭接长度为 180 mm。

（5）扁钢的搭接焊接长度为其宽度的 2 倍（且至少 3 个棱边焊接）。

（6）主地网焊接牢固，无虚焊，焊接处无裂纹，焊接饱满。

（7）所有地网的敷设、联结、焊接均要符合施工图纸设计。

九、文明施工要求

（1）现场着装应符合劳动保护的要求。

（2）工器具应摆放整齐，工完后料净场地清。

（3）施工现场应设施工围栏，安全警示牌应悬挂在醒目的位置。

（4）施工风雨棚搭设整齐，位置适当、合理。

（5）施工现场语言文明，不打闹；相互协作，有秩序。

十、环境保护要求

（1）有环境保护意识，不随地乱扔垃圾，特别是不可降解的塑料包装袋等。

（2）各种施工坑开挖时，出土应堆放整齐，尽量少占土地。

（3）施工时应满足设计要求，严格满足防火要求。

（4）施工后及时清理现场，做到工完、料净、场地清。

（5）做好工程环保工作。

思考与练习

一、填空题

1. 柱上开关设备的防雷装置的接地线应与柱上油断路器的金属外壳连接共同接地，接地电阻应不大于（　　　）Ω。

（A）5　　　　　　（B）10　　　　　　（C）20　　　　　　（D）30

2. 高压隔离开关（　　　）切断负荷电流或短路电流。

（A）允许　　　　（B）绝对不允许　　　　（C）有时允许　　　　（D）完全可以

二、简答题

1. 请简述接地装置的施工工序。

2. 接地装置的具体操作方法。

3. 请简述接地装置施工中的安全注意事项。

课题二　配电变压器台安装施工

【学习目标】

（1）会搜集配电变压器台安装施工方面的资料。
（2）会进行配电变压器台布置及安装。
（3）能编制出最佳的施工工序。
（4）养成规范的操作习惯和良好的沟通及解决问题的能力。

【知识点】

（1）配电变压器台的组成和要求。
（2）变压器台各部件的要求。

【技能点】

配电变压器台的施工工艺。

【学习内容】

一、配电变压器台的组成和要求

（一）变压器台的形式和组成

1. 变压器台的装设地点和形式

配电变压器台应装设在负荷中心或重要负荷附近便于更换和检修设备的地方。为了方便运行、检修，变压器台要尽量避开行人较多的公共场所。布线复杂或特殊杆型的电杆处，亦不应设置变压器。故下列电杆不宜装设变压器台：转角分支电杆；设有高压接户线或高压电缆的电杆；设有线路开关设备的电杆；交叉路口的电杆及低压接户线较多的电杆。

变压器台分为单柱式、双柱式和落地式（地台）三种。单柱式结构简单、施工方便、节约材料，变压器容量一般不超过 30 kV·A。但有些负荷集中的地区容量已扩大到 100 kV·A。

考虑变压器台强度稳定性及二次侧电气设备的选配，双柱式变压器台上变压器容量不宜超过 315 kV·A。更大的变压器在市区内宜采用室内装设或箱式变电所，郊区宜采用落地式变压器台。

2. 变压器台的结构

变压器台的结构型式，各地供电部门均有适合本地区的规定，但消耗材料差很大，可比较后选择采用。一种高压线不穿越低压线的双柱式变压器台安装图如图 6-7 所示。其设备材料表如表 6-5 所示。

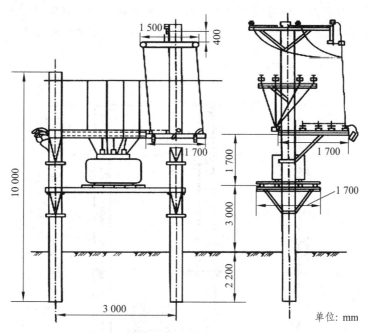

图 6-7 双柱式变压器台安装图（一）

表 6-5 50~180 kV·A 双柱式变压器台安装设备材料表

序号	名称	单位	数量	序号	名称	单位	数量
1	变压器	台	1	12	户外高压跌落式熔断器横担	根	
2	户外高压跌落式熔断器	个	3	13	避雷器横担	根	1
3	高压避雷器	个	3	14	低压引出线横担	根	1
4	低压熔断器	个	3	15	单面斜支撑	根	4
5	钢筋混凝土圆电杆	根	1	16	变压器台架	根	2
6	高压引下线	米	30	17	变压器台架抱箍	副	2
7	铝芯橡皮绝缘线	米	12	18	变压器固定连接片	副	4
8	高压针式绝缘子	个	12	19	螺栓	个	22
9	低压针式绝缘子	个	4	20	接地引下线	米	10
10	高压引下线支架	根	2	21	钢管	根	2
11	高压引下线横担	根	1				

变压器顺线路装设，双柱间距离一般为 2.5~3 m，在距地面 2.5~3 m 高处装设角铁横担，用槽钢或角钢搭设在两侧铁横担上，搭成台架，台架上安置变压器。在台架上部 1.8 m 处装设母线架，并拉一短母线，高压引下线通过 T 字形横担上立式绝缘子接到跌落式熔断器上接

线柱上，熔断器下接线柱和短母线相连，短母线的一侧装设避雷器。变压器高、低压引线分别和高压短母线、低压架空线相连。

双柱式变压器台的另一种型式如图 6-8 所示。它的高压引下线穿过低压架空线，经熔断器、避雷器后和变压器相连；低压引下线可经保护开关和低压架空线相连，变压器横线路方向装设。

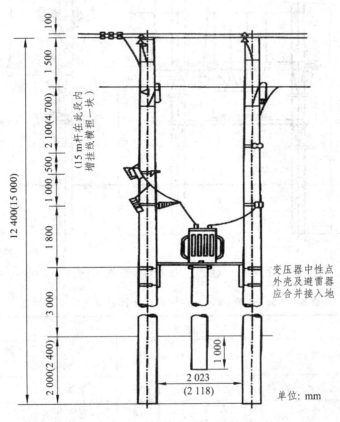

图 6-8　双柱式变压器台安装图（二）

落地式变压器台如图 6-9 所示。变压器台的高度应根据当地水位情况决定，一般情况下不低于 300 mm。高压接线柱上要套绝缘罩，以防杂草和小动物造成短路事故。

3. 变压器台上的高压跌落式熔断器

变压器台上高压侧一般装置 RW 型跌落熔断器。跌落式熔断器和熔体的结构如图 6-11 所示。正常工作情况下，熔断器合上时，熔丝依靠其机械拉力使熔管和动触头连成一体，卡紧在鸭嘴（上静触头）的弹簧钢片上，故熔管掉不下来。当严重过载或短路时，熔丝熔断，动触头失去拉力而从鸭嘴中滑脱，并靠熔管重力迅速断开电路。熔管内衬钢纸管在电弧作用下产生大量气体，从开口喷出，纵吹电弧，使电弧迅速熄灭。如需分闸，只要用绝缘棒向上捅一下鸭嘴，熔管就会自行跌落，绝不能硬拉操作环。

RW-10 型是跌落式开关，有灭弧栅而无鸭嘴结构，此开关即使熔断器熔断，熔丝管也不能自行跌落，断合都要用绝缘拉杆操作。

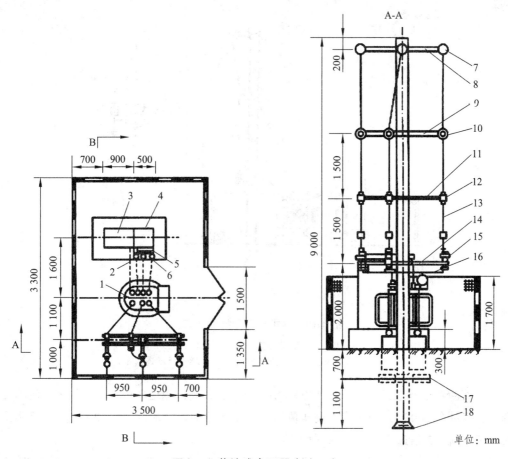

图 6-9　落地式变压器台（一）

1—电力变压器；2—中性母线；3、4—低压配电箱；5—低压母线支架；6—橡胶绝缘线；7—悬式绝缘子；
8、14—双横担；9、11—单横担；10—针式绝缘子；12—跌落式熔断器；13—高压母线；
15—避雷器；16—避雷器接地引线；17—卡盘；18—底盘

跌落式熔断器集隔离开关、负荷开关、熔断器作用于一身，是配电变压器最经济、简单的操作和保护设备。运行经验证明其工作是可靠的。

（二）变压器台各部件的要求

（1）变压器台。柱上变压器台应牢固可靠，安装后变压器平台坡度不应大于 1/100。

（2）引线。变压器引下线、引上线和母线宜采用多股绝缘线，其截面应按变压器额定电流选择，但不应小于 16 mm²。高压引下线穿越低压架空线时，其最小间距应在 200 m 以上。

（3）高、低压熔断器。高压熔断器的装设高度对地面的垂直距离不宜小于 4.5 m，低压熔断器的装设高度对地面的垂直距离不宜小于 3.5 m。各相熔断器间的水平距离：高压熔断器不应小于 0.5 m，低压熔断器不应小于 0.3 m。高压熔断器应选用国家的定型产品，并应与负荷电流、运行电压及安装点的短路容量相配合。选择低压熔断器时，其额定电流应大于电路的工作电流。

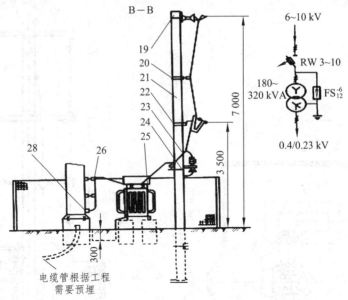

图 6-10　落地式变压器台（二）

19、24—螺栓；20、22—横担抱箍；21—标准电杆；23—并沟线夹；
25、27—设备线夹；26—低压针式绝缘子；28—低压进线保护器

（4）熔断器熔丝选择。容量在 100 kVA 及以下者，高压侧熔丝按变压器额定电流的 2~3 倍选择；容量在 100 kVA 以上者，高压侧熔丝按变压器额定电流的 1.5~2 倍选择。低压侧熔丝按额定电流 1.2 倍选择。

（5）防雷。配电变压器的防雷装置应采用氧化锌避雷器。防雷装置应尽量靠近变压器安装，其接地线应与变压器低压侧中性点以及金属外壳连接。

（6）接地体、接地线。接地体宜采用垂直敷设的角钢、圆钢、钢管，接地线可用钢绞线，接地体可在未立电杆前在坑底打入。接地体和接地线的最小规格为：地上圆钢直径 6 mm，地下 8 mm；角钢厚 4 mm；钢管壁厚 3.5 mm；镀锌钢绞线或铜线地上部分为 25 mm^2。

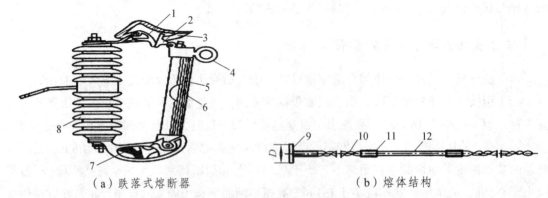

（a）跌落式熔断器　　　　　（b）熔体结构

图 6-11　跌落式熔断器与熔体结构

1、7—静触头；2—动触头；3—钢片；4—操作环；5—熔管；6、12—熔体；
8—瓷绝缘体；9—纽扣；10—钢绞线；11—套管

二、配电变压器台的安装

（一）配电变压器安装前的检查

配电变压器出厂前应取得产品出厂试验合格证。在安装到变压器台前还应进行安装试验，这种试验也称为交接验收试验。一般 10 kV 配电变压器的试验项目如下：

（1）测量绕组连同套管一起的直流电阻。

（2）检查所有分接头的变压比。

（3）测量绕组连同套管一起的绝缘电阻和吸收比。

（4）绕组连同套管的交流耐压试验。

（5）油箱中绝缘油试验。

只要变压比合格，一般不再做三相变压器联结组别试验。

配电变压器取得试验合格报告之后，在安装时还应对变压器各部进行外观检查。高、低压套管表面应光洁、无裂纹和放电痕迹，大盖和套管各部螺栓应紧固；油位正常，油标和呼吸器内密封无堵塞、破裂和松动现象；变压器外壳应清洁、无漏油和渗油现象；分接开关调整应灵活、接触良好、无卡阻现象。

（二）变压器吊装方法

变压器台上变压器的吊装应尽量采用吊车安装，这样既节省人力，安装速度又快又安全。没有吊车情况下，一般在双杆变压器台的两根电杆上绑扎粗道木，道木中间设滑轮组吊装。

起吊时，因变压器较重，又不能倾斜，所以要适当拆除平台上横梁，让变压器吊过平台高度后再装齐平台，缓缓放下变压器。吊装过程中，在变压器器身上设一根控制绳，在侧向控制变压器使之不碰撞平台。控制绳不得系在散热管上，并且起吊前应看准高低压侧套管位置，不能起吊后再调整。

（三）配电变压器台安装质量规范

1. 配电变压器台

（1）变压器。安装牢固，一、二次引线应排列整齐、绑扎牢固；变压器安装后，套管表面应光洁，不应有裂纹、破损等现象；套管压线螺栓等部件应齐全，且安装牢固；储油柜油位正常，外壳干净；变压器外壳应可靠接地，接地电阻值应符合规定。

（2）跌落式熔断器。各部分零件完整、安装牢固；转轴光滑灵活，铸件不应有裂纹、砂眼；瓷件良好；熔丝管不应有吸潮膨胀或弯曲现象；熔断器排列整齐、高低一致，熔管轴线与地面垂线的夹角为 15°～30°，动作灵活可靠、接触紧密，合熔丝管时触头上应有一定的压缩行程；上、下引线应压紧，与线路导线的连接应紧密可靠。

（3）低压保护开关或低压熔体。变压器高压侧熔断器用来保护变压器内部故障，低压侧熔断器则是作为过负荷保护和低压线路的短路保护。保护开关内装置隔离开关和熔断器，一般安装在低压侧电杆上，对地距离为 3.5 m。在未装保护开关的柱上变压器，低压侧可只装熔断器。二次侧有断路设备者，应安装于断路设备与低压针式绝缘子之间；二次侧无断路设备者，应安装于低压针式绝缘子外侧，要安装牢固、接触紧密，不应有弯折、压偏、伤痕等现象。不能以线材代替熔丝（片）。

（4）避雷器。瓷件良好，瓷套与固定抱箍之间应加垫层；安装牢固、排列整齐、高低一致；相间距离，1～10 kV 时不小于 350 mm，1 kV 以下时不小于 150 mm。引线应短而直，连接紧密。采用绝缘线时，引上线铜线不小于 16 mm^2，引下线不应小于 25 mm^2。与电气部分连接，不应使避雷器产生外加应力。引下线应可靠接地，接地电阻应符合规定。

2. 低压保护开关

以往变压器台低压侧常常不用保护设备，运行经验证明配电变压器低压侧过负荷高压侧熔断器无法保护，故现在一般采用装设在铁壳内的保护开关，保护开关包括低压熔断器和低压负荷开关，可装设在变压器低压侧出线电杆上。

三、施工前的准备

先根据任务、施工现场情况及参与施工人员的具体情况对人员进行分组、分工，准备施工工具和材料。

（一）人员分工

表 6-6　人员分工

序号	项目	人数	备注
1	工作负责人	1	
2	钢筋混凝土杆组立	8	可根据分组增加人数
3	横担、金具、附件安装	8	可根据分组增加人数
4	台架式变压器安装	8	可根据分组增加人数

（二）所需工机具

表 6-7　工机具清单

序号	名称	规格	单位	数量	备注
1	汽车				
2	吊车				
3	个人工器具				
4	吊物绳				
5	滑车				
6	大剪				
7	抱杆				
8	手拉（链式）葫芦				
9	绞磨机				

（三）所需材料

表 6-8　材料清单

序号	名称	规格	单位	数量	备注
1	绝缘导线				
2	变压器				
3	无功补偿箱				
4	避雷器				
5	户外跌落式熔断器				
6	电杆				
7	高压横担				
8	低压横担				
9	螺栓				
10	瓷横担				
11	变压器台架				

四、配电变压器台安装

（一）施工准备

（1）安装前变压器已完成试验。

（2）电杆预制基础已完成，并经过监理、业主的验收。

（3）工作负责人编制好施工方案并完成审批。

（4）开工前组织施工人员进行班前会、交底。

（5）开工前清点施工所需要的施工机具并检查工器具是否合格。

（6）工作前，施工人员要检查好自身的安全工器具是否齐全并处于安全有效的期限内。

（7）开工前的主要设备材料准备。

（二）施工步骤

表 6-9　施工步骤

序号	工作内容或程序	施工方法	备注
1	钢筋混凝土杆组立安装	（1）起吊电杆时统一指挥，统一信号。 （2）工作人员服从起吊指挥员的指挥，起吊时任何人员严禁在吊物、吊臂下方和塔高 1.2 倍以内的距离停留。 （3）吊车转弯半径内严禁站人。 （4）应该选取吊装钢丝绳套及卸扣。 （5）起重机起吊钢管杆、电杆至离地 0.5～1 m 时应停止起吊，检查吊车支承点的受力情况，如起吊点不理想，可校正钢丝绳套的起吊点位置。参见《钢筋混凝土杆组立安装作业指导书》DLGT 02	

序号	工作内容或程序	施工方法	备注
2	横担、金具及绝缘子安装	（1）螺杆应与横担垂直，螺栓穿入方向：顺线路者从电源侧穿入，横线路者面向受电侧由左向右穿入，垂直地面者由下向上穿入，螺母紧好后，露出的螺杆不应少于 2~3 个丝扣。 （2）当横担不对称时，应将长臂一端的横担置于线路转角的外侧或马路侧。 参见《横担、金具及绝缘子安装作业指导书》PWJX 01	
3	综合配电箱安装	参见《0.4 kV 低压开关柜安装作业指导书》KGGAZ 03	
4	参见《0.4 kV 低压开关柜安装作业指导书》KGGAZ 03	（1）变压器就位移动时，应缓慢移动，不得发生碰撞及不应有严重的冲击和震荡，以免损坏绝缘构件。 （2）变压器底部用枕木垫起，变压器在台架固定牢靠后，才能松开变压器顶的吊钩。 （3）变压器安装后，套管表面应光洁，不应有裂纹、破损等现象；套管压线螺栓等部件应齐全，且安装牢固；储油柜油位正常，外壳干净。参见《台架式电力变压器安装作业指导书》DLBYQ 04	
5	跌落式熔断器安装	（1）将高压跌落式熔断器安装在支架上，并用热镀锌或不锈钢螺栓固定，水平相间距离≥500 mm。 （2）安装时熔管轴线应与地面垂直为 15°~30°夹角，转动部分应灵活，跌落时不应碰及其他物体。 （3）熔断器熔管上下动触头之间的距离应调节恰当，安装熔丝应松紧合适。参见《跌落式熔断器安装作业指导书》HWDQSB 05	
6	隔离开关安装	（1）借助铁滑轮及绳索（必要时使用起重设备）将户外隔离开关安装在支架上，并用热镀锌螺栓固定牢固。 （2）静触头安装在电源侧，动触头安装在负荷侧。当热镀锌螺栓与户外单极隔离开关和支架只能做一点穿芯连接时，必须选择静触头为电源侧。 （3）三极隔离开关应水平安装，刀口向上。户外三极隔离开关安装时，单极隔离开关水平向下或与垂直方向成 30°~45°角向下安装，户外单极应隔离。 （4）合闸无扭动偏斜现象，动触头与静触头压力正常，动触头合闸锁扣灵活无卡涩现象。 （5）隔离开关处于合闸位置时，动触头的切入深度应符合产品要求，但应保证动触头距静触头底部有 3~5 mm 空隙；隔离开关处于分闸位置时，动静触头间的拉开距离≥200 mm。参见《户外隔离开关安装作业指导书》HWDQSB 02	
7	避雷器安装	（1）将避雷器安装在支架上，并用热镀锌或不锈钢螺栓固定。 （2）并列安装的避雷器三相中心应在同一直线上，铭牌位于易观察的同一侧。 （3）避雷器应安装垂直，其垂直度应符合制造厂的规定。 （4）避雷器排列整齐、高低一致，相间距离≥350 mm。参见《户外避雷器安装作业指导书》DQSY 06	

序号	工作内容或程序	施工方法	备注
8	变压器低压侧引线安装	变压器低压侧引线采用 BV-50 布电线穿 ϕ110 PVC 管形式在变台正面右侧安装，使用 2 套固定横担和 PVC 管抱箍进行固定。PVC 管转弯处采用 45 度弯头，变压器低压接线柱处加装一个 45 度弯头并留有滴水弯。变压器低压侧引线进入 JP 柜内用铜接线端子进行固定。	
9	低压出线安装	（1）低压出线分为低压电缆入地和低压上返高低压同杆架设两种形式。低压电缆入地安装时，利用 JP 柜下方出线孔，低压出线管采用 ϕ110 的钢管。 （2）低压上返高低压同杆架设安装时，利用 JP 柜正面左侧出线孔出线，低压出线管采用 ϕ110 的 PVC 管。 （3）固定在变压器托担、避雷器横担、高压熔断器横担、高压引线横担预留的 PVC 管抱箍固定孔上，在转弯处采用 45 度弯头，出线口处加装一个 45 度弯头并留有滴水弯	
10	试验调试	设备及绝缘子安装前应进行绝缘电阻实验，台架设备安装完成后要对隔离开关、熔断器进行拉合试验。检查隔离开关、熔断器、低压刀闸在断位。	
11	标牌、标识安装	（1）警告标志牌、运行标志牌、防撞警示线依据《国家电网公司安全设施标准 第 2 部分：电力线路》（Q/GDW434.2-2010）要求进行制图，制图参数见下面具体规定。 （2）变压器台架应安装"禁止攀登，高压危险"警告标志牌，尺寸统一为 300*240 mm。安装在变压器托担上，位于变压器正面左侧。警示牌上沿与变压器槽钢上沿对齐，并用钢包带固定在槽钢上。 （3）变压器台架应安装变压器运行标志牌，尺寸统一为 320*260 mm，白底，红色黑字。安装在变压器托担上，位于变压器正面右侧。运行标志牌上沿与变压器槽钢上沿对齐，并用钢包带固定在槽钢上。 （4）变压器台架应安装电杆杆号标志牌，尺寸统一为 320*260 mm，白底，红色黑字。杆号标志牌下沿与变压器槽钢上沿距离 1 m，并用钢包带固定在电杆上。 （5）变压器台架电杆下部应涂刷（粘贴）黄（20 cm）黑（20 cm）相间、带荧光防撞警示线，警示线顶部一格书写"高压危险，禁止攀登"（字体为红色黑体），警示线在电杆埋深标识上沿（或距离地面 50 cm 处）向上围满一周涂刷（粘贴），其高度不小于 1.2 m。	

五、施工质量要求

（一）电杆组立

（1）回填时应清除坑内积水，杂物，回填土中的树根、杂草等物应清除。

（2）普通土回填，应用原坑挖出的土进行回填，当原坑土不足时，可以另行取土或石粉回填。但取土的地点必须在杆位边缘 5 m 外并应除去植被。

（3）回填土时，应在基坑内同时进行夯实，打夯时一夯压一夯，夯夯相接。

（4）每回填 300 mm 厚度夯实一次，坑口的地面上应筑防沉层，防沉层的上部边宽不得小于坑口边宽，其高度视土质夯实程度确定，一般以 300～500 mm 为宜。

（二）台变安装

（1）杆上变压器的台架紧固检查后，才能吊装变压器且就位固定。

（2）变压器在装卸、就位的过程中，设专人负责统一指挥，指挥人员发出的指挥信号必须清晰、准确。

（3）采用起重机具装卸、就位时，起重机具的支撑腿必须稳固，受力均匀。应准确使用变压器油箱顶盖的吊环，吊钩应对准变压器重心，吊挂钢丝绳间的夹角不得大于 60°。起吊时必须试吊，防止钢索碰损变压器瓷套管。起吊过程中，在吊臂及吊物下方严禁任何人员通过或逗留，吊起的设备不得在空中长时间停留。

（4）变压器就位移动时，应缓慢移动，不得发生碰撞及不应有严重的冲击和震荡，以免损坏绝缘构件。

（三）跌落式熔断器安装

将高压跌落式熔断器安装在支架上，并用热镀锌或不锈钢螺栓固定，水平相间距离≥500 mm；安装时熔管轴线应与地面垂线成 15°～30°夹角，转动部分应灵活，跌落时不应碰及其他物体。熔断器熔管上下动触头之间的距离应调节恰当，安装熔丝应松紧适度。

六、文明施工要求

（1）现场着装应符合劳动保护的要求。

（2）工器具应摆放整齐，工完后料净场地清。

（3）施工现场应设置工围栏，安全警示牌应悬挂在醒目的位置。

（4）施工风雨棚搭设整齐，位置适当、合理。

（5）施工现场语言文明，不打闹；相互协作，有秩序。

七、环境保护要求

（1）有环境保护意识，不随地乱扔垃圾，特别是不可降解的塑料包装袋等。

（2）各种施工坑开挖时，出土应堆放整齐，尽量少占土地。

（3）施工时满足设计要求，严格防火要求。

（4）施工后及时清理现场，做到工完、料净、场地清。

（5）做好工程环保工作。

思考与练习

一、填空题

1. 配电变压器台架安装时，要求在安装跌落式熔断器时其熔丝管轴线与地垂线有（　　　）的夹角。

（A）1°～5°　　　（B）5°～10°　　　（C）10°～15°　　　（D）15°～30°

二、简答题

1. 请简述配电变压器台的施工工序。

2. 请简述配电变压器台施工中的安全注意事项。

课题三　开关台架及其他设备安装

【学习目标】

（1）会搜集开关台架及其他设备施工方面的资料。

（2）会进行隔离开关的安装。

（3）会进行开关台的安装。

（4）掌握开关台架及其他设备的安装的质量规范。

（5）养成规范的操作习惯和良好的沟通及解决问题的能力。

【知识点】

（1）开关台架的作用，施工要求。

（2）开关台架及其他设备施工。

【技能点】

（1）开关台安装。

（2）横担绝缘子安装工艺。

【学习内容】

架空配电线路为了满足分段分界、联络和投切设备的需要，在高压配电线直线杆或需投切的设备电杆上装设高压隔离开关或高压柱上断路器，这些电杆通常称为开关台。

从方便检修、限制故障范围、缩小停电地段出发，对主干线较长的配电线路或分支线较长的线路，均装设各种型式的分段开关。线路负荷较大、操作频繁的分段开关和环形供电的高压配电线路均选用断路器，断路器一般安装在高压配电线路的开关台上。

一、隔离开关

隔离开关又叫刀闸，配电用隔离开关按电压等级分为高压和低压两种。

（1）高压隔离开关。高压隔离开关主要装在高压配电线路的联络点、分段分支线、不同单位维护的线路的分界点以及 10 kV 高压客户变电站的入口处，作无负荷断、合线路用。这样既能方便检修，缩小停电范围，又能给工作人员一个可以明显看见的开断点，保证停电检修工作人员的人身安全。高压隔离开关绝对不允许切断负荷电流或短路电流。

线路上高压隔离开关一般用单极隔离开关。

直线耐张分段隔离开关有时也可用 RW 型高压跌落熔断器代替。高压跌落熔断器价格与隔离开关相近，且有一定灭弧能力，实际使用中很受欢迎。

（2）低压隔离开关。户外低压隔离开关主要装在配电变压器二次侧和低压配电线路分支线上。配电变压器二次侧安装户外低压隔离开关，可以在操作跌落式熔断器时，事先断开配电变压器的二次负荷，是防止跌落式熔断器断开带负荷配电变压器产生弧光短路的有效措施。低压分支线上安装低压隔离开关，配合低压保安器，可以有选择地断开低压故障线路，缩小停电范围，并且也有利于低压停电检修作业。

有些地区用三相连动的隔离开关，装设于电杆顶部，刀片动作时向上张开。其手动操动机构由连杆引到电杆下部，操动手柄平时锁住。这种方式三相连动，运行人员站在地上操作，不必用绝缘操作杆，比较方便。无论何种高压隔离开关都必须采用户外式，并有多个防雨裙边的户外式绝缘子。

二、高压柱上开关

高压柱上开关（高压柱上负荷开关）是在正常或故障情况下带负荷切断和接通电路的设备。为了能使配电线路在发生故障时切断故障线路，以及停电检修时缩小停电范围，10 kV 配电线路的干线每隔一二千米一般都加装一台高压柱上开关；另外，手拉手供电线路的联络点以及长分支线路的起始点也都应装高压柱上开关。

高压柱上断路器主要有多油式、真空式、六氟化硫断路器三种。

三、开关台的组成

开关台和变压器台一样，受传统习惯影响，各地差别很大，但其组成应符合下列要求：

（1）开关的引线应采用绝缘导线，高压架空线若是钢芯铝线，应注意铜铝过渡连接。

（2）柱上开关设备的防雷装置应采用避雷器或保护间隙。经常开路运行而又带电的柱上各种开关，应在两侧都装设防雷装置，其接地线应与断路器的金属外壳连接共同接地，接地电阻应不大于 10 Ω。

（3）柱上所路作分设用时，应在电部侧接设高压隔离开关；如作联络用，两侧均有电源，则两侧均应装设高压隔离开关。

四、开关台的安装

（一）单回分段（联络）柱上开关组装

单回分段（联络）式开关台结构如图 6-12 所示，在电杆导线横担下面装设双横担，上、下两层铁横担的铁拉板安装在铁横担外侧，将油开关装在双横担上，并用螺栓给予固定。

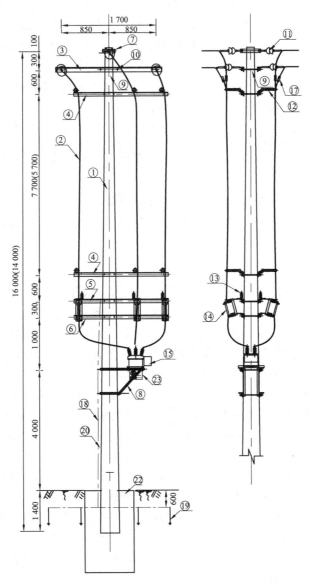

图 6-12　单回分段（联络）式开关台结构

1. 螺栓安装工艺

（1）以螺栓连接的构件，螺杆应与构件面垂直，螺头平面与构件间不应有间隙。螺栓紧固后，螺杆丝扣露出的长度：单螺母不应少于两个螺距，双螺母可与螺母相平。当应当加垫圈时，每端垫圈不应超过 2 个。

（2）螺栓的穿入方向应符合下列规定：① 对立体结构：水平方向由内向外，垂直方向由下向上。② 对平面结构：顺线路方向，双面构件由内向外，单面构件由送电侧穿入或按统一方向；横线路方向，两侧由内向外，中间由左向右（面向受电侧）或按统一方向；垂直方向，由下向上。

2. 横担安装工艺

（1）对于 U 型螺栓、M 垫铁、横担，安装前应进行外观检查，表面应光洁，无裂纹、毛刺、飞边、砂眼、气泡、锌皮剥落及锈蚀等缺陷。

（2）线路单横担的安装，直线杆应装于受电侧；引流线、避雷器、跌落式熔断器横担安装于台架杆外侧；横担安装应平、正，横担端部上下歪斜不应大于 20 mm；横担端部左右扭斜不应大于 20 mm。

（3）U 型螺栓垂直于电杆安装，与横担垂直，两端必须加垫圈但每端不得超过 2 个，U 型螺栓、M 垫铁与电杆接触紧密，横担固定牢固可靠。

3. 顶相抱箍安装工艺

（1）安装前应进行外观检查：表面光洁，无裂纹、毛刺、飞边、锌皮剥落及锈蚀、变形等缺陷。

（2）两眼板与顶相抱箍组装配合应良好，螺栓齐备。

（3）安装方向正确，顶相与电杆接触紧密，牢固可靠，螺栓穿向正确，紧固后抱箍之间距离为 10 ~ 30 mm。

4. 耐张绝缘子串安装工艺

（1）耐张绝缘子串所用金具安装前应进行外观检查：表面光洁，无裂纹、毛刺、飞边、砂眼、气泡、锌皮剥落、锈蚀等缺陷；螺栓、销子、垫圈及其他附件齐全、完好。

（2）直角挂板在横担上安装时，横担或两眼连板平面应处于直角挂板两平面之间。

（3）悬式绝缘子：瓷件与铁件组合无歪斜现象，且结合紧密，铁件镀锌良好；瓷釉光滑，无裂纹、缺釉、斑点、烧痕、气泡或瓷釉烧坏等缺陷。复合绝缘子：绝缘伞裙光滑完整，无侵蚀、闪络、开裂，外覆层无侵蚀的沟槽和痕迹、开裂、破碎，芯棒外露、小孔。绝缘子安装时应清除表面灰垢、附着物及不应有的涂料。绝缘子与电杆、导线金具连接处，无卡压现象；耐张串上的弹簧销子、螺栓及穿钉应由上向下穿。当有特殊困难时可由内向外或由左向右穿入；两边线应由内向外，中线应由左向右穿入；绝缘子裙边与带电部位的间隙不应小于 50 mm；安装后防止积水；开口销应开口至 60° ~ 90°，开口后的销子不应有折断、裂痕等现象，不应用线材或其他材料代替开口销子；金具上所使用的闭口销的直径必须与孔径配合，且弹力适度。

（4）铁耐张线夹固定导线时，应紧密缠绕铝包带，其缠绕方向应与外层铝股绞制方向一致，从中间划印处开始向两边缠绕，铝包带端头应露出线夹口 20 mm，回缠三圈并压在线夹内；U 型螺栓应从悬挂侧向出口侧顺序安装，悬挂侧第一个 U 型螺栓松紧适度，压块平正，U 型螺栓两侧出丝长度一样，弹垫必须压平，所有垫圈、销钉齐全，螺帽防水面应朝上，U 型螺栓紧固完毕后，再用木锤敲打 U 型螺栓并复紧一遍；耐张线夹安装方向正确，销钉、螺栓穿向正确。

（5）契型耐张线夹：外观完好，无缺件，无老化，无裂纹，无损伤，无变形；导线在线夹上固定时两块契型舌扳敲实，受力均匀，上下间隙一致；槽口向上，与复合绝缘子连接牢固；螺栓销钉由上向下穿入。

5. 横担绝缘子安装工艺

（1）安装前应进行外观检查：瓷绝缘子瓷件与铁件组合无歪斜现象，且结合紧密，铁件镀锌良好；瓷釉光滑，无裂纹、缺釉、斑点、烧痕、气泡或瓷釉烧坏等缺陷。复合绝缘子绝缘伞裙光滑完整，无侵蚀、闪络、开裂，外覆层无侵蚀的沟槽和痕迹、开裂、破碎，芯棒外露、小孔。

（2）安装时应清除表面灰垢、附着物及不应有的涂料。

（3）横担绝缘子当直立安装时，顶端顺线路歪斜不应大于 10 mm；当水平安装时，顶端宜向上翘起 5°~15°；顶端顺线路歪斜不应大于 20 mm。

6. 导线在绝缘子上固定绑扎工艺

（1）导线应紧贴横担绝缘子最外层嵌线槽或顶端嵌线槽，受力自然，不得强行弯曲。

（2）导线在绝缘子上固定绑扎采用"二压一"绑扎法。

（3）在导线与绝缘子接触处，顺导线外层绞制方向缠绕铝包带（绝缘线缠绕自粘胶带），两端超出扎线 10 mm。

（4）扎线选用大于导线单股一个规格（铝扎线直径一般选用 ϕ2.0 mm，铜扎线直径一般选用 ϕ1.6 mm），绝缘导线采用单股铜芯绝缘线绑扎。

（5）扎线紧密，与绝缘子接触处不得交叉。

（6）绝缘子两端扎线缠绕圈数 8 圈半，紧密无缝隙。

（7）扎线头长 10~15 mm，余线应剪去，与导线 90°回头并与扎线贴平。

（8）绑扎必须紧贴、牢固、平整且不能损伤导线。

7. 隔离开关安装工艺

（1）隔离开关铁部件不应有裂纹、砂眼、锈蚀；绝缘部件清洁，无裂纹，无破损；转动机构部件打黄油，触头抹电力复合脂。

（2）隔离开关竖直安装牢固、排列整齐，分闸后应使静触头带电，对地垂直距离 5 m。安装后应进行分合闸试验，操作灵活可靠、隔离刀刃合闸时接触紧密，分闸后应有不小于 200 mm 的空气间隙。

（3）隔离开关上、下引线应采用 JKLYJ-8.7/10-240 铝芯绝缘导线，导线在绝缘子上固定时应绑扎牢固；上引线与主干线连接时应采用 0#细砂纸打磨并涂电力复合脂，使用并沟线夹连接，线夹数量不应少于 2 个，导线出头 20~30 mm，并绑扎 3 圈，并沟线夹型号必须与导线型号匹配，上引线相间应平行、无弓弯，每相引线与邻相的引线或导线之间，安装后的净空距离不应小于 300 mm。

（4）隔离开关与引线连接应采取铜铝过渡金具连接，导线应采用 0#细砂纸打磨并涂电力复合脂，各连接部位紧密、牢固可靠。

（5）隔离开关采用 TJ-25 导线与接地装置可靠连接，每隔 1 m 用 8#铁线在横担或电杆上固定牢靠。

8. 开关横担支架安装工艺

（1）开关横担支架安装前进行外观检查：表面光洁，无裂纹、毛刺、飞边、砂眼、气泡、锌皮剥落及锈蚀等缺陷。

（2）开关横担支架与电杆接触紧密，牢固可靠，螺栓穿向正确，支架安装平面对地垂直距离 4 m。

（3）开关横担支架各连接螺栓紧固，机座水平倾斜不大于托架长度的 1/100。

9. 柱上开关安装工艺

（1）柱上开关外表清洁，所有部件及备件应齐全，无锈蚀或损伤；绝缘部件不应有变形受潮，无裂纹及破损。安装前应经具有相应试验资质的单位试验合格，保护定值经计算并调试。

（2）柱上开关安装应垂直，固定应牢靠，安装后用 2 500 V 兆欧表现场测试其绝缘电阻值与试验值无明显变化并不低于厂家规定。

（3）柱上开关进出线应采用 JKLYJ-8.7/10-240 铝芯绝缘导线，开关与引线连接应采取铜铝过渡金具连接，导线应采用 0#细砂纸打磨并涂电力复合脂，各连接部位紧密、牢固可靠。

（4）标示牌固定于开关正下方横担上。对进出线作相应的相色标记。

（5）外壳采用 TJ-25 导线与接地装置可靠连接。

（6）安装完毕后进行分合闸试验，动作可靠，分合闸指标正确。

（二）双回分段（联络）柱上开关组装

结构如图 6-13 所示，高压隔离开关装设在电源侧。安装工艺与单回分段开关一致。

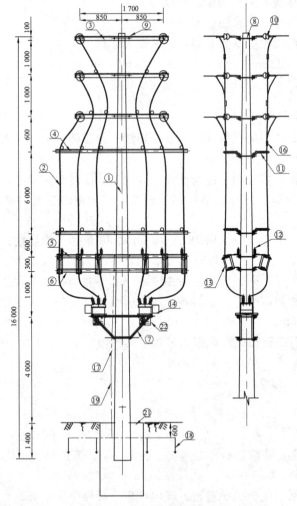

图 6-13　双回分段（联络）柱上开关结构

五、文明施工要求

（1）现场着装应符合劳动保护的要求。

（2）工器具应摆放整齐，工完后料净场地清。

（3）施工现场应设施工围栏，安全警示牌应悬挂在醒目的位置。

（4）施工风雨棚搭设整齐，位置适当、合理。

（5）施工现场语言文明，不打闹；相互协作，有秩序。

六、环境保护要求

（1）有环境保护意识，不随地乱扔垃圾，特别是不可降解的塑料包装袋等。

（2）各种施工坑开挖时，出土应堆放整齐，尽量少占土地。

（3）施工时满足设计要求，严格防火要求。

（4）施工后及时清理现场，做到工完、料净、场地清。

（5）做好工程环保工作。

思考与练习

一、选择题

1. 柱上开关设备的防雷装置的接地线应与柱上油断路器的金属外壳连接共地，接地电阻应不大于（　　　　）Ω。

（A）5　　　　　　（B）10　　　　　　（C）20　　　　　　（D）30

2. 高压隔离开关（　　　　）切断负荷电流或短路电流。

（A）允许　　　　（B）绝对不允许　　　（C）有时允许　　　（D）完全可以

二、简答题

1. 开关台的组成部分包括哪些？

2. 柱上开关安装工艺有哪些？

参考文献

[1] 戴泌. 配电线路施工[M]. 北京：中国电力出版社，2010.

[2] 陈海波. 输电线路施工[M]. 北京：中国电力出版社，2006.

[3] 黄育宁，吴宝贵，钱玉华，等. 输配电线路施工技术[M]. 北京：中国电力出版社，2007.

[4] 丁毓山，罗毅. 配电线路[M]. 北京：中国水力水电出版社，2010.

[5] 张剑. 配电线路施工运行与检修实训[M]. 北京：中国电力出版社，2010.

[6] 关城. 配电线路[M]. 北京：中国电力出版社，2004.

[7] 张刚毅. 电力内外线工程[M]. 北京：中国铁道出版社，2008.

[8] 王润卿，吕庆荣. 电力电缆的安装、运行与故障测寻[M]. 修订版. 北京：化学工业出版社，2001.

[9] 夏新民. 电力电缆选型与敷设[M]. 北京：化学工业出版社，2008.

[10] 胡培生，丁荣. 配电线路[M]. 北京：中国电力出版社，2007.

[11] 孙宝成. 配电技术手册[M]. 北京：中国电力出版社，2000.

[12] 戴仁发，周向利. 输配电线路施工[M]. 北京中国电力出版社，2006.